精益软件度量
——实践者的观察与思考

张松 著

人民邮电出版社

北京

图书在版编目（CIP）数据

精益软件度量：实践者的观察与思考 / 张松著. --
北京：人民邮电出版社，2013.4（2023.7重印）
ISBN 978-7-115-30883-2

Ⅰ. ①精… Ⅱ. ①张… Ⅲ. ①软件工程－研究 Ⅳ.
①TP311.5

中国版本图书馆CIP数据核字（2013）第016176号

内 容 提 要

　　软件度量是当今软件开发行业的热点话题，但同时也是推广实施过程中的难题。一方面软件企业管理存在度量的迫切需求；另一方面，企业在推行软件度量的实践中问题颇多，效果不佳。人们迫切需要破解度量谜题，找到切实可行的软件度量实践方法。

　　本书并不试图描述一个完整的软件度量体系，也不会试图解决度量所面临的所有问题，只是从精益理念的角度，尝试重新梳理在中等规模到大规模软件开发中度量体系设计和实施的思路。全书分为3部分，共14章。第一部分包括第1章至第4章，介绍了精益软件开发中度量的理念和体系的设计。第二部分包括第5章至第12章，先阐述了流程建模、需求和功能划分的一些概念，然后分别从交付价值、市场响应速度、交付速率、质量和能力几方面探讨了度量维度的问题。第三部分包括第13章至第15章，介绍度量体系的导入和部署。前两章用案例的方式介绍了度量体系验证阶段的准备和工作，第15章初步探讨了如何在组织范围内部署和推广度量体系。

　　本书是作者结合自己在软件开发和项目咨询业界十几年的实践经验，针对软件度量的价值和意义、手段和方法、体系和实践的思考反思之作。本书对于软件企业和组织管理者、软件产品研发管理者、软件项目管理人员有很好的借鉴意义和启发价值，也可以供高等院校从事软件工程和软件度量研究和教学的老师阅读参考。

◆ 著　　　　　张　松
　　责任编辑　　陈冀康

◆ 人民邮电出版社出版发行　　北京市丰台区成寿寺路 11 号
　　邮编　100164　　电子邮件　315@ptpress.com.cn
　　网址　http://www.ptpress.com.cn
　　北京九州迅驰传媒文化有限公司印刷

◆ 开本：700×1000　1/16
　　印张：16.5　　　　　　　　2013 年 4 月第 1 版
　　字数：237 千字　　　　　　2023 年 7 月北京第 7 次印刷

ISBN 978-7-115-30883-2

定价：79.80 元

读者服务热线：(010)81055410　印装质量热线：(010)81055316
反盗版热线：(010)81055315
广告经营许可证：京东市监广登字 20170147 号

推荐序一

管理学大师彼得·德鲁克曾经说过"你如果无法度量它，就无法管理它"（"It you can't measure it, you can't manage it"）。要想有效管理，就难以绕开度量的问题。

可实际上人们总是倾向于关注容易度量的元素，而忽略难以度量的元素。容易度量的不一定是重要的，难以度量的反而可能是重要的。

软件开发的过程中就是这样。

Martin Fowler 曾经说过，软件行业至今还没有找到一个可以有效度量软件开发生产效率（Productivity）的方法。想要度量生产效率，首先需要有可以量化的产出物。而软件的产出物是什么呢？人们最直观的结论是一行行的代码。可实际上代码行数的多少并不代表价值的多少，甚至代码产生的功能都不一定是。这些功能运行起来产生的业务价值才是真正的产出，而这又是难以度量的。Standish Group Study 的一份报告就指出：45% 的代码在运营当中是从来不会被使用到的。最简单直接地对代码行数进行度量实际上是舍本逐末。

度量也是一把双刃剑。度量具有极强的引导性。它会激励你重视并改善能够度量的元素，但也可能使你忽视无法度量的元素并使之恶化。

我曾经在有些软件开发的组织里看到过用代码行数的度量来考核开发人员。结果是产生了很多副作用，大量的复制，不合理的设计，产生了大量冗余的代码，不但难以理解和维护，甚至没有在实际运行中运营起来。这在造成大量浪费的同时，也造成了软件质量的严重恶化。

软件开发方法，尤其是敏捷开发方法，正在越来越多地借鉴精益生产中的管理理念，其中主要的核心就是持续改进。要想持续改进，除了对改进方向的经验性认识以外，可以量化的改进目标也是一个无法回避的环节。在大规模实施精益管理的过程中，如何找到合理的度量，并合理利用这些度量，始终是一个难题。

国内外的很多企业在实施敏捷精益软件开发方法的过程中，在不同的情况下使用了不同的方法尝试解决这个难题，也产生了很多有效的和创造性的解决方案。可惜的是，很多优秀的想法只是在很小的范围内产生了影响，并没有被提炼出来，并广为人知。

很高兴终于看到本书能够提炼汇总这些实践，形成一个比较完整的精益度量体系。

张松有着国内外软件行业的从业背景，十几年来一直沉浸在敏捷精益实施的第一线，参与了众多大小企业的转型实践，作为许多 CIO 和 CTO 的专家顾问，在这个领域积累了大量实战经验。我想不出有更合适的人来写这本书了！

感谢张松在忙碌的工作中抽出时间来完成这项工作，相信所有读到这本书的人都能从精益度量体系和这些实践案例中有所借鉴。

ThoughtWorks 大中国区董事总经理　郭晓

推荐序二

对于敏捷和精益产品开发，度量是一个容易引发争议却无法绕过的话题。讨论它并不容易，需要综合产品的设计、开发、营销，以及项目和组织的管理运营等多方面的因素来考虑。正因为此，我相信由张松来讨论这个话题再合适不过。一方面，张松的实践经验从相对传统的电信和金融行业跨越到互联网前沿等诸多领域，职能也从软件开发跨越到组织运营的诸多方面；另一方面，近年来张松作为ThoughtWorks咨询师和团队管理者，在敏捷和精益实施方面进行了持续的探索、实践和总结。

有效的度量体系首先应该是面向价值的。度量的目的不是"控制"，而是改进价值交付能力。本书从价值的定义出发构建度量体系，涵盖价值交付的灵活性、产能、质量，以及组织的价值交付能力。软件开发是一个复杂的系统，度量同样也不简单，作者始终以精益思想和系统思考为指导，为我们呈现了一个端到端的、系统的、面向价值的度量体系。

好的度量体系更应该是面向实施的。本书的理论全部提炼自作者的亲身实践，在前两个部分（第1章至第12章），作者一梁一柱、一砖一瓦地构建度量体系，虽然系统性强，但多少有些枯燥。到了第三部分（最后3章），作者开始讨论度量体系的导入和部署，此时读者会发现，原来所有的理论都将落实到实践，并且有现实案例的支持，一切都是那样自然，仿佛度量本来就应该是这样。

刚拿到书稿时，我担心它的受众有限。一线的实践者，如敏捷开发的实施者往往并不关注度量；而对于还未开始实施敏捷和精益开发的朋友，书中的概念又太过超前。读完书稿，再去反思这个问题，我深知本书的价值所在。对于实践者，本书提供了全新的视角从本源去反思相关实践的效用，为进一步改进方向寻求切实的依据；对于正在评估和计划实施敏捷和精益开发的朋友，本书是传统和精益、敏捷之间沟通的桥梁，它没有直接推荐具体实践，而是引导大家从价值去反思，我们需要什么样的改进，如何设定改进的目标，评估改进的效果，并为实施的动态计划和调整提供可靠的依据。

希望你和我一样喜欢这本书，在阅读过程中和作者一起思考、总结，在实践中完善、提升。

上海贝尔有限公司软件开发团队负责人　何勉

推荐序三

软件项目、软件组织和软件专业人士的度量是一个由来已久的难题。

当 ISO、CMM 等"重量级"管理方法占据言论主导地位时，我们看到管理者们拿出条目繁多的度量方法和 KPI，试图量化员工的工作绩效；与此同时员工们却一边抱怨冗杂的报告和数据表，一边行之有效地找到了敷衍"上头"使他们不再干扰自己正常工作的妙策，顺便——借由呆伯特漫画——嘲笑高高在上不知民间疾苦的管理者们。

而当 SCRUM、看板之类"敏捷"方法甚嚣尘上，被一句"人和交互重于流程和工具"激励起来的程序员们高声喊出"我们不要文档/度量/KPI，我们交付可工作的软件"；而——绝非邪恶的——软件组织领导者们，则郁结于如何在更大范围、更长周期了解员工和团队的状态和能力水平。毕竟，如果连"全局"究竟是什么样子都无法看到，"全局优化"就只能是一句空话。

我无意在此引发又一轮软件方法学之争，只想提醒读者的注意：对于度量这件事，我们这个行业存在着如此明显的张力，使得任何一位严肃的领导者乃至从业者都无法也不该忽视其中的挑战。一方面，所有人都赞同："好的"度量对组织以及个人都将大有裨益；另一方面，真正找到"好的"度量方法者寥寥。这个问题的解决，需要丰富的软件、工程、管理乃至商业理论与实践经验的深度结合，并且需要在实际的运用中不断改善精炼。

在所有探索有效软件度量方法的尝试中，本书是一本开创性的佳作。从精益软件开发入手，作者首先建立了一个适用于现代软件组织的度量体系。基于这个体系，作者介绍了如何对软件的价值、速度、质量等每个软件组织都高度重视的核心要素进行有效度量。

如果前面这些还是其他著作也有所提及的内容，接下来的部分就是极具开创性，而且极具价值的思考与经验了。除了软件交付的"业务"本身，作者专章论述了如何对软件组织及从业者个人的能力进行度量，并给出了建设学习型组织、持续提升组织和个人能力的指导。最后，作者还以可观的篇幅讲述如何在一个"传统"的软件组织中引入这些精益度量方法，以度量的植入来拉动软件组织的精益转型。这种饱经思辨又与实践紧密结合的"落地指南"，是我在论述同类主题的其他著作中从未见过的。

读完全书，除了丰富的思想与实践，字里行间还渗出一种浓浓的人文关怀。作者在第 1 章就明确指出："在理念上，我们希望把度量的重心从'控制'转向'改进'。"面对加速变化的世界，只有充分发挥员工的主观能动性，帮助员工提升自身能力，企业才能具备长久的竞争力。而管理者或领导者更多地需要扮演"导师"和"服务员"的角色：引导、帮助员工成长去达成他们自己向往的目标，而非以度量指标来控制员工的行为。这种管理思路的转变，意欲为自己的组织引入度量体系的领导者不可不察。

有幸作为张松的同事，与他在最近几年紧密合作，我清楚地知道：讲述这样一个主题，松哥正是最理想的作者。在加入 ThoughtWorks 之前，松哥就有着 MBA 背景及在大型 IT 企业中工作的经验；在 ThoughtWorks 的 6 年中，他曾在大规模离岸交付项目中艰苦奋战，也曾在国内超大型 IT 组织的敏捷转型中舌战群儒；作为交付总监和咨询总监，他体会过同时关注十余个项目时的惶恐无力；作为人力资源总监，他清楚打造一支持续学习、持续改进的团队对于整个企业而言是何其重要。而且在 ThoughtWorks 中国区管理团队中，松哥一向扮演着"智库"角色：虽然说话不多、嗓门不大，却总是字字珠玑，每每使我们其他成员受益良多。现在松哥的思想与实践得以付梓，使更多读者得以分享他从若干焦油坑中淬炼的菁华，实在是幸事一件。

更多的阅读乐趣，还是留给读者自己在翻开书之后慢慢体会吧。作为在国内帮助 IT 组织进行精益转型的实践者之一，我希望本书能帮助它的读者在他们的组织中建立一套行之有效的度量体系，并最终帮助这些组织的员工切实地提升自己的能力。如此，善莫大焉。

ThoughtWorks 中国　　熊节

推荐序四

软件度量是一个困难的话题。对于软件度量的困惑，但凡有过此类经验的人必然深有体会。从事软件度量工作的人，几乎像古希腊神话中的西西弗斯一样，让人敬佩而又同情。然而，随着商用软件的发展，以及快速消费型软件的爆炸式增长，缺乏度量的软件开发组织如同缺少导航设备的航海者，只能沿着看得见的海岸线航行，永远不敢深入远洋一步。

幸运的是，有这样一本书，平实而又从容不迫地讲述了软件度量的精巧所在。你手中的这本书，不是纸上谈兵的泛泛之作，更不是剪刀协助下的资源浪费，它是一个实践者的感悟，行业经验的升华。首先，书中界定了软件度量是什么，以及不是什么，让大家对软件度量有一个合理的期待。然后根据精益思想，确定了软件的度量框架，从价值、效率、质量、能力等四个方面九个子项，对软件度量进行了细致的阐述。目的是为了软件组织自身的持续改进，实现更大的价值。每个子项中，都有明确的目的、问题、细项说明，逐项说明为何以及怎样进行该项的度量。既可以对读者有启发性的指导，也可以作为实践者的参考。

本书没有笼统地说"软件"的度量，而是对软件进行了分类，选取了典型的互联网软件和电信软件作为两大案例，详细地说明其中的差异，包括用户特征、产品架构、开发团队、长期演进，以及这些特征在价值、效率、质量、能力方面的映射。从讲述方法上，本书从软件的应用场景开始，到如何建立某种特定类型的研发模式，再到如何度量。不是就度量讲度量，而是通过建立与分析软件开发的过程，找出各阶段和各领域的目标，然后再度量。涉及软件研发管理的全过程，可以当作一本软件项目如何管理的小型百科全书。

本书行文流畅，充满精巧的比喻，易读性高，读起让人不忍释手。推荐给各位读者，希望各位业界同仁共同推倒软件度量—这个山坡上的巨石。

中兴通信业务研究院技术部部长，胡荣亮

前　言

在软件这个行当里，我们看到的度量数据大都是来自于一些衍生性的指标。在缺乏上下文的情况下，这些指标通常都不能直接告诉我们到底发生了什么，也就是说，大部分指标数据都只是一些间接的证据。将这些证据关联到我们想要度量的对象上，靠的是我们这些人根据经验做出的判断。这种判断具有相当的主观成分，即使是最靠近现场的人，这种判断很多也是在证据不完备的情况下做出的。当有人告诉你，这个团队平均每人每天完成 300 行代码的时候，你能对这个团队的效率做出什么判断吗？如果你能做出判断，那你绝对能配得上先知的称号，你还不知道这个团队用的是汇编语言、C、C++、Java 还是 Ruby，你不知道这个产品的类型是操作系统、电信嵌入式软件、商用软件包、定制软件还是网页脚本，你也不知道这个数字的统计是包含软件开发周期的哪些阶段——只是开发阶段，还是包含了分析、设计、开发、测试和维护支持所有的活动。

我本人原来一直对度量抱着嗤之以鼻的态度，觉得那是领导们获得虚假的安全感、满足控制欲的皇帝新衣。不过在过去几年里，遇到了不少的各种软件开发组织，从产品线总裁到一线开发、测试人员，到为产品掏钱的客户，各种人物一次又一次地问我：

"我感觉我们是有进步，但我们的进步到底有多少啊？"

"我怎么拿出点实实在在的证据告诉我老板，我们比以前做得更好了？"

"我要的是效率、效率、效率，告诉我，如果你干了这事儿，效率能提升多少？"

"反正都要测试，你能告诉我们这所谓的新方法对质量能带来什么不同的效果吗？"

这个问题的列表可以不断加长，一开始遇到这类问题的时候，我一边心里嘀咕"谁关心就到现场看看不就行了"，一边嘴上顾左右而言他。到了后来，次数多了，我也不得不重新反思，度量这事儿，既然有这么强烈而广泛的需求，必然有其存在的道理，有其创造的价值。这就好像我们经常在财经新闻里看到的经济指标一样，什么 GDP、CPI，什么货币供应 M0、M1、M2，这个采购经理人指数，那个行业景气指数，这些数据本身的准确性和它们能够对经济现状的反应程度都有很多的局限性，但不管是政府还是投资客，却要使用这些数据来做出干预市场或是投资市场的判断。这使得我开始思考，软件开发的度量可能也并不是那么不靠谱的一件事，其实同样也是人们梳理复杂问题的分析线索，尝试接近真相的努力。于是就开始不断地根据不同人员的诉求，摸索着尝试各种度量手段，在这个摸索过程中，对度量的价值和方式也有了一些自己的认识，希望在此能和更多的同行分享和讨论。

本书并不试图描述一个完整的软件度量体系，也不会试图解决度量所面临的所有问题，只是从精益理念的角度，尝试重新梳理在中等规模到大规模软件开发中度量体系设计和实施的思路。

读者对象

可能对本书感兴趣的读者如下。

- 希望引入持续改进的 IT/ 软件企业和组织、软件产品研发组织的管理者。

- 希望实施敏捷、精益理念的软件开发组织管理人员。

- 希望扩展知识面和工具箱的软件项目管理人员。

- 其他希望了解大型项目工程管理的软件从业人员。

- 有一定软件工程基础的高校教师和高年级学生。

如何阅读本书

本书的结构主要分为 3 部分，如下所述。

第一部分介绍精益软件开发的度量理念和体系的设计，包括第 1 章至第 4 章。

- 第 1 章重点阐述了本书基于的精益软件开发的度量理念。

- 第 2 章至第 4 章则从度量体系的目标、软件生命周期中涉及的决策场景，以及指标框架的设计 3 个阶段来描述体系的建立。

第二部分是度量维度的分析，包括第 5 章至第 12 章。

- 第 5 章试图描述流程模型、对象模型等几个软件度量中涉及的基本概念，包括对需求和功能划分单位的理解，以及对功能完成的定义。

- 在第 6 章至第 12 章则是深入分析交付价值、市场响应速度、产能、质量和能力等几个主要的考察维度。

第三部分是度量体系的导入与部署。

- 第 13 章和第 14 章用案例的方式，分别展示了一个体系在导入验证阶段的准备和执行工作。

- 在第 15 章，也是最后一章里，尝试初步探讨在一个组织范围内，如何部署和推广一个新的度量体系。

大家可以根据自己的兴趣重点阅读，也可以根据索引作为工具书查阅，当然我个人还是相信，从头阅读能够使大家对这个主题有一个更加系统化的图景。

致　　谢

我希望借这个机会，向那些曾在这个漫长的写作过程中，给我提供指导、帮助的人们表示我由衷的感激。如果说这本书还能够为读者提供一些价值的话，那他们是功不可没的。

首先感谢我的同事张凯峰，没有他的帮助和鼓励，我也不知道是否能把这本书写到出版。何勉、熊节都不厌其烦地为本书提供了两轮详尽的意见，使得最后的成书相对初稿有了大幅的改进，现在回头看去，真不知道他们怎么有耐心读完一开始就那么糙的草稿。为本书提供意见和帮助的还有我的同事郭晓、张逸、骆国程，以及社区的朋友朱谷。另外还要感谢我的同事 Localhost 为本书插图提供的帮助。感谢其他评阅者慷慨地给出自己的评论。

感谢人民邮电出版社编辑陈冀康，不仅是在于给我这个初出茅庐的作者提供很多有价值的意见，更在于当我不停地把修改版丢给他时，仍对我造成的额外工作量保持着极大的耐心。说到这里，还要感谢 Just-pub 的周筠老师，是她帮我引荐了冀康。

最后，我可能最感激的还是我的家人。咨询师和公司管理团队的成员都不是轻松的工作，在工作之余还能投入大量的时间和精力写书，可以想见，没有家人的支持和谅解，这是不可能完成的任务。

作者简介

　　张松经历应用开发工程师、产品研发工程师、方案架构师、项目经理，甚至售前、销售等各种角色。在过去十几年里，对软件的兴趣，使张松一直在这行当的一线体验着软件从业者所特有的辛劳和喜悦，并乐此不疲。在 ThoughtWorks 中国分公司，张松现在承担着咨询总监的职责，负责中国市场的咨询业务。在这之前，他曾是多个交付项目的项目经理，并作为交付总监负责中国区项目组合的交付保障，此外他还为多个知名企业的产品研发机构或 IT 组织提供长期的咨询服务。加入 ThoughtWorks 之前，张松是 Aspect Enterprise Solutions Ltd（原 OILspace Inc）上海代表处首席代表。张松拥有华中理工大学计算机工程学士学位和英国 Warwick 大学 MBA 学位。

目　　录

第 1 章
Chapter 1

度量谜题

"我们所能拥有的最美好的经历是感受到神秘，它是触发所有真正艺术和科学起源的基本情感。"

艾尔伯特·爱因斯坦（1879—1955）

按照 IEEE 的定义，"软件工程是将系统化、规则，以及可控的体系方法，应用于软件设计、开发、操作和维护；换言之，即工程理念在软件中的贯彻。"[1] 看上去很美，不是吗？当我们看到一个又一个软件开发组织，特别是大型的组织，特别是拥有辉煌历史的组织，把过程可控作为主要的管理目标时，一次又一次地惊讶于人们是如此容易被误导，而我自己在开发管理的日常工作中，软件工程那些条条框框所带来的虚假的安全感，也曾使我一次又一次地迷失于其中。反思之后，我现在不得不重新审视软件开发的目标和软件工程方法的目的。

可控应该只是我们在软件开发管理中期望优化的属性之一，而不是全部。退一步讲，奥运会的口号或许比 IEEE 的定义更好地诠释了我们的目标——"更快，更高，更强"，还有一句俗话——"多、快、好、省"，我感觉也比 IEEE 的那句话更全面。但是为什么人们的注意力都放在了可控性上呢？虽然可控的生产过程可以帮助管理人员更有针对性地优化和改进。不过在向"多、快、好、省"的方向前进的过程中，管理层和项目管理人员的避险本能，在相当程度上扭曲了我们的注意力，有意无意地遗失了原始

---

[1] The Institute of Electrical and Electronics Ehgineers, 1990。

的目标。

风险源于不确定性。然而软件之所以"软",就是由其生命周期中所面对的变化和不确定所决定的;从另一个角度讲,不确定性又是与创新如影随行。跟其他行业相比,软件领域的创新之活跃也不能不说与此密切相关,反过来说,那些非常确定、稳定的东西或许就不应该用软件来实现,既然要开发软件,就要正视其固有的变化性,利用其变化性取得优势。

Roger Martin 在他的著作《The Design of Business: Why Design Thinking is the Next Competitive Advantage》把知识的演进用一个知识漏斗(Knowledge Funnel)生动形象地描述了出来。这个漏斗总是从一个问题开始,需要经过谜题(Mystery)、启发(Heuristic)和算法(Algorithm)3 个阶段 [1],如图 1-1 所示。

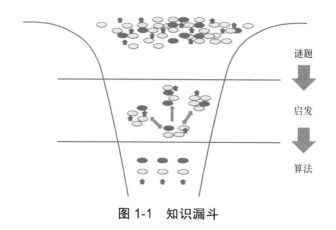

图 1-1   知识漏斗

Roger Martin 认为,复杂问题的解决总是从谜题阶段开始。探索一个神秘的问题,可能会有无限种可能的方式。以我们的交通工具为例,人类一直在孜孜以求地获取更快更好的交通工具。那么如果说"更好的交通工具"是一个谜题,经过了几千年的摸索,在工业革命之前,交通工具这个谜题曾经已经被降解成一系列的启发式的问题。其中的两个可能是:更好的马车和更好的帆船。相对于谜题,启发式问题是将探索的领域缩小到一个更加可控、可管理的大小。当有了这两个启发式的问题之后,人们就倾向于不再去考虑"更好的交通工具"这么一个没边儿的问题,目标就变成了"如何

---

[1]   Martin, 2009

制作更精致的马车，让马车更轻便、更结实"，"如何制作更大的帆船和有效的风帆，让帆船载货量更大，速度更快"。问题的解决聚焦在了产品的升级和演进，这两个问题又被进一步降解成了一系列的算法化问题。算法化的问题指的是已经有固定的公式、模式来解决的问题。对于马车和帆船的例子来讲，马车和帆船的制作就是一个算法化的问题，经过训练的工匠能够依据固定的流程和工艺，顺利地重复制作多个产品。

不过世界并没有就此止步。到了工业革命之后，伴随着技术约束的突破，"更好的马车"和"更好的帆船"，这两个启发性的问题已经不再合理。我们需要重新回到"更好的交通工具"这个命题，将其降解成了另外一系列问题，"更好的汽车"、"更好的轮船"、"更好的飞机"……而那些醉心于旧的启发性和算法性问题的人们或是行业，逐渐被时代所淘汰。我们可以看到，随着时间的变化、场景的转换（陆地、海洋，还有天空、太空）、科技的突破，我们要解决的基本谜题可能会降解出不同的启发式问题。

回到软件开发这个谜题上来，Gerald M. Weinberg 在他的《质量•软件•管理—系统思路》中写到"虽然人类的大脑或多或少存在些许的差别，然而都有一定的限制；随着程序规模的不断增加，软件的复杂度也将至少以平方的速度增加。"[1]Weinberg 称其为自然软件动力学。Weinberg 认为"软件工程学的历史过程，也就是人类试图通过建立简化方法，降低随着问题规模的扩大而提高的问题复杂度，从而不断对规模 / 复杂度动力提出挑战的历史过程。如果没有这种追求，也就不需要软件工程专业了。"

软件开发这个谜题，就像其他复杂而又会随着时间和场景不断转移重心的谜题一样，我们似乎也有无数种的方式来做到一定程度的简化，在某种程度上或是在某个方面上解决了这个问题。IEEE 对软件工程的定义，"系统化、规则，并且可控"就是对这个谜题在一个维度（可控性）上简化而得出的一个启发式问题。

Roger 在书中提出了两种思考问题的方式：分析性思维和启发性思维[2]。

[1]　杰拉尔德•温伯格, 2004, 页 169

[2]　Martin, 2009

分析性思维的驱动力是标准化，消除个体的判断所带来的偏见和差异，而启发性思维的驱动力是发现和创新。这两种思路在具体实现上体现出的区别在于，分析性思维倾向于可靠性，而启发性思维倾向于有效性。

IEEE 的这个定义，因为并不直接关注更好地开发软件本身，明显带着可靠性的倾向，对于有效性则显得缺乏应有的关注。我猜测这应该是 1965 年到 1985 年软件危机的产物。那个时代，计算机行业刚刚摆脱萌芽期，硬件能力大幅提升，人们开始在各种领域尝试用计算机软件来解决愈来愈复杂的问题。大型软件项目纷纷出现，可又纷纷失败，软件开发就像怪兽，失去了控制，主要的表现是大幅地超时和超预算，又或是软件的质量极不靠谱。为了解决这个谜题，可靠性似乎是理所当然的，也是最迫切的切入点。

度量体系给人的直观感受就是可以提高开发过程和开发结果的可靠性，但可靠和成功，这两者真的是等价的吗？度量本身似乎就是一个分析性思维的产物，但这并不妨碍我们回归问题本身，同时利用分析性和启发性思维，判断到底哪些要素跟"成功"更相关，并尝试用一个度量体系来帮助我们在动荡的环境中捕捉和把控这些要素。

1.1 精益软件开发的度量体系

度量本身不是目的，是手段。我问过很多人，你们这儿度量信息是在什么地方用呀？我经常听到的是，"现在不是都要用数字说话嘛，咱得搞点儿量化管理"，"这玩意儿（数字）就是给上面看看，没啥用"，"没这些数字，我怎么知道下面的人干得咋样？"我们发现：

- 在很多情况下，数据的生产者不是数据的使用者；

- 数据的生产者没什么动力去分辨信息的价值，也不关心信息准确与否；

- 数据的生产者关心的是数据是否会对自己带来惩罚或是收益，而不是数据跟软件开发的关系；

- 在很多管理者的认识当中，度量的主要目的，是确保事情在掌控之中，为的是获得可靠性和安全感；

- 相对于"更高效的开发软件"这样模糊的目标而言，很多一线人员对度量指标的使用其实更加一个简单、清晰、朴实——一旦开发出了问题，一个自我保护的理由就是"我已经满足了度量的要求了呀？"

软件项目中可能出现各种各样的冲突，权衡并把握住进度、质量和人员能力提升等各种不同目标，总是要消耗掉项目管理人员很多的脑细胞。可是不管多么努力，做出的决定仍然不是得罪了这个，就是让那一个不爽。度量体系中的指标通常是那些复杂、模糊的目标经过分解和简化的结果。一套度量体系被实施之后，很多人都有一种光明初现的感觉，好像做决定变得有章可循，容易多了。出于趋利避害的考虑，人们经常会把目光聚焦在片面满足相对明确的指标上，回避了对综合的项目目标和复杂上下文的思考和权衡。

为了规避指标替代目标的陷阱，我们希望在设计和运营度量体系的时候，将各类相关人员都融入到一个共同的理念之下。

精益的一个核心理念是持续改进，丰田澳大利亚技术中心（Toyota Technical Center – Australia）对持续改进的诠释是："我们从来不认为当前的成功是我们最终的成就。我们从来不会满足于当前所处的位置，而是会一直竭尽全力，寻求最佳的思路持续改善我们的工作：我们热衷于创造更好的替代方案，质疑已有的成果，寻求新的成功定义"[1]。挺复杂的一句话，咱老祖宗在3000多年前，只用了9个字就把这事儿说清楚了。商汤王，也就是商朝的开国君主，在他自己的洗澡盆儿上刻了一行字以自勉："苟日新，日日新，又日新"[2]，就是提醒自己：弃旧图新是每天都要干的事儿。

如图1-2所示，在理念上，我们希望把度量的重心从"控制"转向"改进"。虽然控制和改进都是对系统采取的干预性措施，"控制"给人造成的心理暗示是围绕着静态目标而行动；而"改进"则将动态的目标植入人们的思维模式。这有助于我们在识别软件开发的成功路径时，由可靠性转向一个更广泛的视角。

在这样的理念指导下，度量体系的作用就是提供信息来帮我们知道现在哪里，距离目标到底有多远，我们是否在向目标前进，进展的程度如何。

---

[1]　http://management.curiouscatblog.net/2010/04/15/the-toyota-way-two-pillars/。

[2]　《大学》第三章："汤之《盘铭》曰：'苟日新，日日新，又日新。'"

因此简单地说，度量是通过对目标位置、相对位置、移动方向的描述，帮助组织达成其业务目标。

图 1-2 "控制" 转向 "改进"

我们把度量体系的实现分成 3 个不同的层次 ——理念、设计、应用，如图 1-3 所示。

图 1-3 三层度量体系

在后续的第 2、3、4 章，我们会从组织目标、软件产品开发过程中的决策场景，以及指标体系框架 3 方面来分析度量体系的设计。第 5 章至第 12 章会系统地讨论几个主要的度量维度。而在最后的 3 章里，将会尝试验证导入和推广实施两个阶段，讨论如何在一个组织内建立起一个有效、有价值的度量机制。

不过在那之前，我们需要进一步就理念上澄清一下，本书中的度量是什么？不是什么？

1.2 度量是什么

1. 度量是在一个特定组织上下文中形成的一系列共识。

司马迁在《史记·秦始皇本纪》中写道，秦始皇 "一法度衡石丈尺。车同轨，书同文。" 度量的一个重要意义是统一思想、统一方式，从而使不同的人能够在一致的基准上进行沟通，减少产生误解的可能性。在一个软件开发组织里，度量统一的不仅仅是度量单位、度量对象、度量手段，更重要的是统一对目标的认识。关于度量是什么、不是什么如图 1-4 所示。

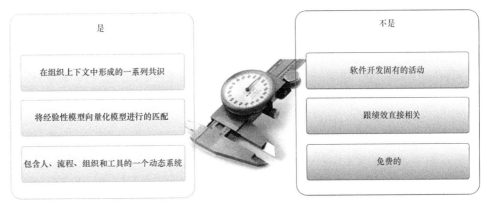

图 1-4 度量是什么，不是什么

如果一个组织确定了提高质量的目标，每个团队和个人就必须在如何度量质量上形成共识。在我曾经提供过咨询服务的一个产品研发机构里，有的人认为，只有产品交到客户手里后，使用过程中产生故障的数量和故障的严重程度才是衡量质量的依据；而另外一些人则认为，产品的代码质量，甚至测试脚本的质量，也应该是质量的度量范围，因为对于很多生命周期较长的软件来说，代码和测试脚本中的坏味道和技术债，是后续版本的质量陷阱和成本陷阱。双方争执不清，分析其根本原因，其实是在于对软件代码内在质量上的投入产出上有不同的意见。如果一个组织在这些方面缺乏澄清和共识，就无法形成统一的目标和手段，从而很难取得显著的改进成果。

另外，度量体系可以帮助一个组织形成一套统一的术语。当人们在讨论问题的时候，能够在一定程度上确保大家是在用同样的语言说着同样的事情。几个来自不同团队的人在讨论开发效率的时候，如果组织里都用的是相同的工作量度量单位，比如故事点，大家都应该知道这个数据是怎么得来的，是用的相对大小，还是绝对大小，考虑的因素有哪些，其优势在什么地方，局限性又在什么地方。只有在这些方面理解一致，才能取得有效的沟通，减少误解和不必要的争执。

2. 度量是将经验模型向量化模型进行匹配的尝试。

量化模型就是通常所指的硬数据、硬指标，这是大多数管理人员想看到的。当人们看到数字的时候，总会生出一种更加准确、更加靠谱的印象，觉得这样的度量结果不容易受到主观因素和人为操纵的影响。只要看看那些号称 7 天美白的护肤品卖得有多好，就知道这种数字营销对人的影响效果了。

不过说老实话，看看定期发布的 CPI 数据，对比一下我们对生活成本的直观感受，我们就可以知道，量化与否，跟是否能够准确反映度量的目标没啥直接关系。以单位时间生产的代码行数（SLOC）为例，作为生产效率的度量手段，这个指标现在仍然在很多大型的产品开发组织当中广泛应用。我们在有些组织中观察到的实际效应是：为了体现我的效率，一个特性可以用 800 行代码完成的，咱绝不用 500 行，最好能用 1000 行以上才能体现我的辛苦。一位同事曾对客户的一个遗留系统的某个模块做过一次重构，将其代码行数削减了将近 80%，事后他告诉我，其实还有不少空间。这个客户的研发团队是用代码行来度量工作量和效率的，虽然这种包含大量冗余代码的系统，并不都是用代码行来度量工作量所导致的，但至少度量并没有对产生优化的系统起到有效的引导性作用。

虽然量化的不一定就是好的，量化模型确实有个非常重要的优势——方便进行比较，这种比较有两种类型。

- 跟自己比较：持续改进，持续超越自己，就需要比较自己发生的变化。

- 横向比较：这对于拥有大量开发人员、团队和产品的大型组织来说，是非常有吸引力的。在组织内部进行团队和团队之间的比较，是不少公司激励大家提升绩效的手段。另外，如果能跟业界的数据比较，也可以知道自己在行业中的位置如何。

可惜的是，软件开发中的很多信息都难以用量化模型来描述。经验性模型，也就是定性的度量，主要依赖文字来描述度量的依据，靠人对这些信息的理解和分析来判断、还原情境的过程和结果，比如说：团队经验和能力、项目和系统约束、流程的可靠性和成熟度、用户满意度等，这类度量描述通常由于包含很多的上下文信息而难以量化。

这样产生的一个问题就是，度量结果容易受到信息提供者和使用者的经验和主观意识的影响，也可能引入信息不对称带来的偏见。典型的例子就是任何两个人对一个产品的用户满意度都会有不同的判断。

由于包含了上下文信息，度量结果无法在个人和个人之间、团队和团队之间进行横向比较。比如我们说有两个团队都很成熟，可能的情况是，一个团队成熟是因为其成员经验很丰富；而对于另一个团队则是指其开发流程运转十分顺畅。

为了解决经验性模型的局限性，业界做了各种尝试，其中最著名的当属 CMMi 模型。其实当前流行的各种成熟度模型都是将经验模型向量化模型匹配的尝试。我个人并不反对这种努力，不过在使用这样的量化模型的时候，我们一定要注意量化模型本身的局限性。这种模型的度量结果来源于对大量上下文信息的汇总、过滤和抽象，这种简化容易让人们在度量中失去了度量发生的场景细节，迷失了度量本身的目标，以至于为了度量而度量。

3. 度量是包含人、流程、组织和工具的一个动态系统。

如果把软件开发组织看做一个动态的系统，度量实际是作为反馈机制来对这个系统产生作用的。

如图 1-5 所示，假如我们把交付目标，包括交付时间和内容，作为系统的输入，当我们想要呈现进度相关的输出时，如果我们用的是瀑布式开发模型，那么得到的可能是哪些功能需求已经分析完成，或是代码写了百分之多少；而如果我们用的是迭代开发模型，得到的信息可能是以故事点为单位的燃烧图（Burn up Chart），呈现的是端到端已经完成的特性。这些信息可能是某人手工计算产生，也可能是项目管理工具自动采集、汇总的，形式可能是一个 Spreadsheet，也可能直接呈现在工具的页面上。

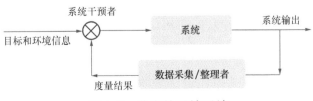

图 1-5　动态的反馈系统

　　系统的干预者，可能是项目经理、产品经理，或是某个领导，依据目标和当前环境情况（比如竞争对手信息），对照这些进度数据，判断是否应该采取干预措施。如果发现跟预期有所差距，干预者可能会在交付内容或交付时间上有所调整，或是为团队提供更多的资源来提升其交付产能，当然也可能是要求团队开始加班加点……团队对这种干预通常也会马上做出反应，他们会根据干预行动和其他新的输入，寻求并调整到一个新的稳定的工作机制，这种新的工作机制可能是找到一个更有效率的方法，也可能是马上把设计、优化、验证等活动抛掉，"裸奔"前进。

　　度量本身也会对软件开发组织的人员、流程、组织和工具产生影响。在一些比较大型的产品开发组织当中，特别是实施 SEI 的 CMMi 模型的组织中，为了有效地管理过程质量，产生了质量保障（QA）组织。SEI 的 CMMi 模型中强调的是软件质量保障（SQA）的独立性，组织的独立性意味着，需要为不在一线团队中的 QA 创造观察和干预开发活动的机制，这样的机制通常表现为围绕开发流程创造出来的新流程，为了支撑这个流程的运转，可能需要部署针对开发过程的数据的采集、汇总、报告一系列的工具。不过在实际的部署中，有些号称重业务轻流程的组织里，QA 组织形同虚设，只是为了获取 CMMi 等资质而存在；而另一个极端是，在一些"成熟"的组织里，QA 的影响力很大，原本应该承担老师、医生和警察责任的 QA，最后只剩下了警察角色，挥舞着度量的大棒，跟开发团队玩着猫捉老鼠的游戏。

1.3　度量不是什么

1. 度量不是软件开发固有的活动。

　　度量本身并不对客户直接可见，不是作为产品或服务的一部分为客户直接创造价值，因此根据精益的理念，应该尽可能地减少。作为一个组织来讲，应该积极地评估当前的度量活动的成本，分析是否真正为达成业务目标发挥着价值，从而确保运行度量体系的投入产出是在一个合理的水平。

2. 度量应该避免跟绩效直接相关。

正如前面所说的，软件开发当中的度量大多使用的是衍生指标，因此单独的指标，甚至是一系列的指标加在一起，也通常无法反应具体开发场景的上下文。用度量结果作为判定绩效级别的主要手段是一件非常危险的事情，几个同样优秀的团队或个人在具体指标上的表现，各自可以有很大的差异。这就好像用同样的指标，比如 GDP，来考核一个舒缓轻松的旅游城市大理和一个紧张繁忙的工业城市东莞。如果由此造成了两个城市趋同的建设行为，比如大建工厂，大修基础设施，想象一下在洱海边工厂林立的情景吧，对大理来说，这就会是灾难性的后果。同样，把一套标准的度量与个人、团队绩效强相关，很可能导致各种奇怪的博弈行为，中长期的负面作用经常会大于短时间指标提升带来的好处。前面提到的通过代码行数产出度量生产效率的方式，带来的大量冗余代码、废代码就是软件开发中的诸多博弈行为之一。

3. 度量不是免费的。

度量需要投入团队的时间，项目管理人员的时间，质量保障人员的时间，以及公司管理人员的时间，还可能会有工具和基础设施的投入。围绕各种目标需要度量体系的设计和实施，体系的运转需要数据的收集、分析和汇报，这些环节做得不到位是不可能产生预期效果的，而要做到位，所需的投入可能并不是一个可以忽略的小数目。因此，目标和指标的选择就显得特别重要，试图实施一个大而全的度量体系，通常弊大于利。

最后，软件开发中并不是所有的目的都要用度量来达成，度量也不是帮助达成所有目标的灵丹妙药。

第 2 章
Chapter 2

组织目标

"人是追寻目标的动物。只有在为目标付出努力去寻求和奋斗的时候，他的生命才有意义。"

亚里士多德（384—322 BC）

前面提到，软件工程对软件动力学这个谜题有一个合理的切入点：简化和控制，那我们是否还有其他的切入点呢？让我们回到软件开发本身的过程和结果，重新审视一下我们想要解决的问题。

我们不是为了度量而度量，我们要知道度量体系是在什么时候，为谁产生价值，因此我们首先需要回答 3 个问题。

（1）一个开发组织从来都不可能是独立存在的，其所服务的企业业务目标是什么？对应到对开发组织的期望是什么？

（2）在开发过程中，谁是度量信息的使用者？他们使用度量信息的目的是为了做什么决策？

（3）在梳理清楚了上面两个问题之后，最后要回答的才是如何设计一个契合的指标体系来满足这些数据消费的需求？

因此，度量体系是引导团队达成业务目标的一整套策略，如图 2-1 所示，包含了业务目标、决策场景和指标体系 3 个阶段。本章关注的是业务目标，后续两章将分析决策场景，讨论指标体系的设计。

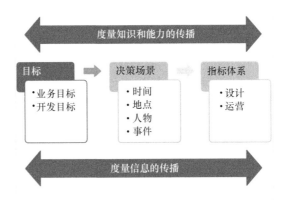

图 2-1　度量体系

2.1　业务目标

随着软件渗透进商业和消费环境的方方面面、各个角落，对于很多企业，不管是软件密集的产品类企业，还是仰赖 IT 组织支撑其日常业务运营的商业企业，不管软件是由企业内部的开发组织完成，还是由外部协作的开发方承担，软件的交付能力成为支撑企业的业务目标，推动业务创新，甚至成为形成业务模式差异化竞争优势的重要力量。

从内部来讲，每个开发组织自身的资源优势、组织的历史和文化、组织的竞争策略都对公司的业务目标和目标的优先级产生影响。很多公司把软件开发组织当成是成本中心，因此，以提高资源利用率作为优先原则的典型行为模式会体现在决策、度量的方方面面；不过最近几年，IT 手段成为很多行业里实现颠覆性业务创新的幕后推手，比竞争对手更快更准确地实验和部署新业务模式成为企业对软件开发组织更迫切的要求。以零售业为例，数字渠道，包括网站、移动平台，还有部署在实体店和其他场所的触屏，以及试穿试戴等互动电子接触点（touch point）为商家提供了更多顾客体验的设计组合。有效整合这些数字渠道、电子接触点、实体设施，以及财务、物流、决策支持等后台系统，也成为企业竞争优势的重要基础。

从外部来讲，客户对每一类不同的产品有不同的要求，由此也带来了对相应产品开发组织不同的期望。国防相关，电信级，或是涉及人身安全的关键系统对产品可靠性有很高的需求，这也是为什么相关的软件开发组织成为最早推动和拥抱 CMMi 的力量。而企业 IT、互联网系统，抑或是移动设备上产品，要求对用户、对市场进行快速响应，这也是我们经常在当前敏捷社区里看到这些开发组织身影的原因。

业务战略的制定超出了本书讨论的范围，不过我们仍然可以通过一个假想的场景来模拟从业务目标到决策到指标体系设计的整个过程。

一家金融服务企业，我们就称其为 Big Bank，正在推出一项 P2P（个人对个人小额贷款）在线金融业务。在这个时候，这还算是一个创新业务，因为虽然在市场上已经有一些小型的独立互联网平台开始提供这项业务，但暂时还没有综合性金融服务机构介入这个市场。

我们可以把软件产品的开发分成几个大的阶段：业务策略、项目定义、项目执行、维护支持。

从图 2-2 所示中可以看到，一个软件产品或项目通常都起始于业务策略的分析。除了初创公司和互联网公司，在其他大多数的软件开发组织里，项目管理人员和工程师们在这个时候都还没有介入，这个阶段只是管理层，作

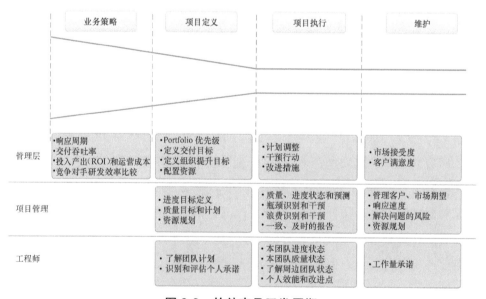

图 2-2　软件产品开发周期

为组织的代表，对业务策略做出决策。

大多数情况下，管理层这时所能获得的信息，实在是不足以进行可靠的分析并做出所谓理性的决策。他们不得不躲在一个小黑屋子里，根据可怜有限的信息，更多是根据自己的经验，做出对未来的判断，拍拍脑袋做出决策。

Big Bank 的 CIO，CTO 和其他的 O 们，当然还有各种的总监、VP 和主管们，他们努力获得各方面的数据，尝试着充分考虑着以下内容。

（1）政策和市场需求。

- 什么是政策允许的，什么是不允许的？未来政策发生变化的概率有多大？我们可以争取到哪些政策？

- 哪些人，在什么情况下需要这项产品？对 Big Bank 来讲，是购买大件商品的个人，还是短期流动资金匮乏的小老板？

（2）竞争对手。

- 市场上类似产品和竞争对手的运营模式和竞争力如何，比如早已建成了的 P2P 网站？

- 相对其他现有和可能的竞争对手，我们独特的资源优势是什么？是否能形成足够的竞争壁垒？

- 潜在的新进入者是谁？是其他银行等金融机构还是拥有海量用户的大型互联网公司？他们会怎么参与竞争？

- 是否能够比竞争对手早一步地满足某个细分市场或某类客户的需要？

- 整合公司其他业务和资源是否能够在这项新的业务领域里创造出独特的竞争优势，比如跟保险业务，理财业务能产生什么协同效应？

（3）资本投入和运营成本。

- 在这次赌注当中的投入是多少？需要投资建立什么规模的开发组织才能够在生产力上超越对手？多少人？软硬件投入？产品后期的安装、服务、维护的难度和周期？

- 这样的组织的运营成本是多少？

- 跟竞争对手相比是高还是低？

- 为了在这次赌注中有可能坚持到胜利的那一天，每天、每月、每年要追加多少投入？（运营成本）

（4）ROI。

- 干这件事的 3 年投入产出到底是多少？

- 对集团公司产生的整合效果有什么影响？

从上面的诉求里，我们可以提取出他们在软件度量角度的诉求，首先是相对竞争对手的**响应速度**：

- 是不是能在产品特性上很快赶上并超越已经在市场上的那些 P2P 平台？

- 如果有其他大型金融机构也来介入，能不能比他们更快地把产品和新的特性推向市场？

- 如果政策发生变化，是否能及时根据政策调整产品开发策略，并减少浪费？

然后是**产能**的比较：

- 如果投入相同的规模，交付周期和产能是否在业界领先？

最后是项目的**投入产出 - ROI**：

- 交付的产品和特性是否准确命中市场？是否得到了产品生命周期前阶段的溢价，从而得到了更高的利润率？

- 产品的质量和设计相对竞争对手和已有产品是否体现了优势，产生了足够的用户粘性，提升了公司品牌？

- 最终是否最大限度地夺取了市场份额？

上述问题的分析结果其实就是业务部门期望的跟开发组织相关的业务目标。

组织对产品开发寄托了各种各样的目标。这些目标一旦被建立起来，就会被传递和分解到组织的各个部分和层面，对这些地方的计划、决策，甚至问题的解决方式都会产生影响，因此对于开发的每个版本或阶段，都需要在组织层面就这些目标的优先级有一个明确的共识。虽然不一定要对每个目标分出个 1、2、3，但一个组织一定要清楚，在现阶段到底哪些目标是紧急不重要的，哪些是重要不紧急的。

2.2　开发组织的目标

我们假设业务策略能够准确及时地被传递到开发组织。根据上面 Big Bank 这个例子，我们可以看到业务对开发组织的期望大致分为几类：价值、效率、质量和能力，其中效率又包括对市场的响应速度和单位规模开发组织的产能。

2.2.1　交付价值

在宏观层面上，管理层会根据战略意图，在公司的多个目标之间权衡之后决定对当前机会的投资额度，同时，期望在这个预算范围内，在实现战略意图的基础上取得最大的回报。

开发组织在这个目标上能起到多大的作用呢？很多人都认为交付的内容是否有价值，这是由业务部门决定的，但是根据我们的经验，绝大多数开发组织在价值的优化上都有很大的提升空间。相对业务部门，开发组织的优势在于其所拥有关于目标实现方案的知识。交付目标是由一系列的功能性和非功能性需求构成，而交付价值首先体现在优先交付的内容是否是最有价值的。

对于功能性需求，开发组织能够在开发前，将低价值内容从高价值特性上剥离下来，从而提升投资回报（ROI）。相对来说，业务部门则缺乏动力和能力这么做，因为开发部门接到的需求来源于不同业务部门，每个部门都有动机尽可能多地把自己的需求纳入开发计划，推动尽可能完善地实现每个纳入计划的需求，而拆分需求很可能会导致部分需求无法进入开发路线图，而且，业务部门不清楚实现的细节，因而并不清楚是否能够拆分或拆分的风险。

对于非功能性需求，很多情况下，开发组织提出的方案都会影响投入在短期和长期时间轴上的分配，因此，能够使技术方案跟业务模式相吻合，就有可能在相当程度上提升交付的价值。举一个比较极端的例子，我们的一个客户是一个移动互联网领域的创新型公司，他们的策略是以尽可能低的成本，尝试尽可能多的移动互联网领域的商机。他们预期只会有较小比例的实验能够获得市场的认可，但只要有少量存活的产品，就足以赢得可观的收益。因此他们期望得到一个快速开发和部署平台，只要求最低限度的安全和负载水平，对做出来的产品原型只要有基本的可用性，能完成基本的商业意图即可，但要求这个平台足够灵活，能够以最小的修改代价实现不同类型的应用，特别是电子商务类的应用。当某个产品试探市场获得良好的反应之后，再把这个产品按照更高的要求，推倒重做。这样平台实现价值的方式，跟一个预计要覆盖广泛行业、人群的大型电商交易系统相比，当然会有很大的不同，由此得出的合适的技术方案，及其所对应的投入产出模式也应有极大的差异。

另外，从事后验证的角度来讲，开发部门可以提供技术手段来度量交付后的特性价值。通过识别和清理死亡、休眠特性，减少后续在无用特性上进一步工作的可能性。

2.2.2　响应速度

如果我们把软件开发组织比作一条长长的管道，我们称其为交付管道。如图 2-3 所示，管道的长度代表了端到端的软件开发活动，包含了从用户需

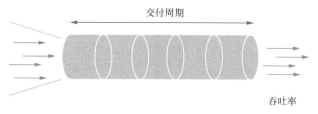

图 2-3　交付管道

求的产生到该需求以产品的形态为用户产生价值的整个过程。管道的长度和交付对象在管道里流动的速度，决定了组织对市场的响应速度，也就是交付周期。

新的需求出现后，开发组织是否能够比竞争对手更快地将需求转化成产品或产品的特性投入到市场上去，更快地产生价值？考虑到钱能生钱，从财务的角度来讲，当前的现金流要比未来同样数额的现金流要更值钱，不过如图 2-4 所示，更重要的是：

- 响应速度意味着先发优势，抢占市场；

- 尽快收集反馈，验证前面的判断，以便做出调整，提高决策的准确度；

- 享受科技产品生命周期前期的高额溢价，更快地收回成本和投资，取得更长的市场生命周期，当然，总体来说有更高的利润率和投资回报；

- 以创新者、领先者的形象出现在市场上，可能产生巨大的无形资产；

- 营销活动都有时效性，在合适的市场时间窗口推出竞争性产品能够帮助企业在获取市场份额上占得先机。

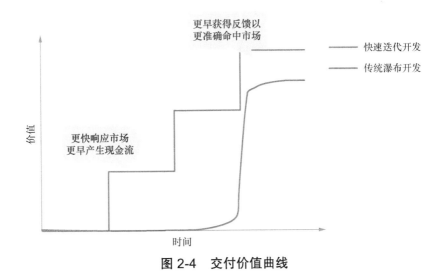

图 2-4　交付价值曲线

落后于竞争对手推出产品或是市场最需要的特性，其直接结果可能就是相对较低的市场占有率，在软件行业里，在一个领域市场地位的差别，对营业额和利润率通常有非常显著的影响。在 2012 伦敦奥运会之前，三星公司在 iPhone5 发布时间未定之际推出了 Galaxy SIII 手机，手机在英国发布的第一周就在当地市场上获取了 18%[1] 的市场份额，其发布后的几周里竞争对手 iPhone 4S 的市场份额从 20% 降低至 15%[2]，而三星后来在奥运会上的强势营销更加助推了这个趋势。

过长的交付周期还有另外一个负面的作用。软件开发组织面临的环境因素通常变化很快，在交付周期内由于各种原因而出现变更要求的几率极大，这也是为什么大多数开发团队视变更为大敌，项目管理更是以控制变更为第一要务。这样的做法其实有些本末倒置。变更的发起肯定是有原因的，如果先入为主地认为，只要不是非常关键的变更就应当拒绝，而宁可做计划内而价值较低的需求，其实就是人为地降低了交付的价值。除了在一个版本交付周期内使用迭代开发模式来实现可适应计划以外，更短的交付周期也是应对项目环境快速变化的关键手段。

市场响应速度不仅是指的是当前一个独立版本的交付速度，还体现在提高差异化和定制版本的发布频率上。有一些产品研发组织为了形成差异化的产品优势，针对多个特定市场（比如，欧美市场和发展中市场，企业用户和个人用户），也有可能是为了适应不同的硬件、芯片，需要开发出不同的定制产品。不过这些产品仍然共享相当部分的共同特性、组件和架构，这其实也就是产品线的概念。我们看到很多组织在其产品线的演进过程中，定制版本开枝散叶越来越多，维护成本越来越高，对重用部分的改动，则是牵一发而动全身，对市场的响应也越来越迟缓。

2.2.3　产能

如果把管道直径比作组织的规模，效率的一个目标是提升管道的吞吐率，也就是交付管道直径不变的情况下，提高单位时间内通过管道的工作

---

[1]　http://www.androidauthority.com/galaxy-s3-sales-represented-18-total-handset-sales-uk-launch-week-99454/。

[2]　http://socialbarrel.com/samsung-galaxy-s3-apple-iphone-sales/40203/s。

单元的数量。对应到软件开发组织，就是单位规模的组织在单位时间内所能交付的软件规模，我们简称其为产能。

最近这些年，印度和中国的软件开发组织飞速扩张，相对欧美的同类型组织，这些发展中国家的软件开发组织，很大程度上还处于以规模取胜的阶段，用人海战术、加班战术来拼速度、拼产量，但随着人力成本的上升，生活水平的改善，人们对工作和生活平衡的追求，使得这些以成本为核心的战术呈现出边际效益递减的效果。

软件开发本身的特点，使得在传统制造业中大放异彩的规模效应，并没有在软件开发中产生明显的效果。业界分析的结果指出，规模能够对软件开发效率带来 2 个正面效应。

（1）在以提高生产效率为目的的工具和基础设施上的投入可以被更广泛的共享。

（2）产品和项目管理的成本不会直接随着项目规模的增大而增加，可以想象，一个项目经理或一个产品经理，可以应对从十来号人到上百人团队的管理工作。

不过经验告诉我们，规模似乎对软件开发效率带来更多的是负面效应。

1. 沟通成本

正如 Brooks 在《人月神话》中说的[1]，开发规模大了之后，团队成员之间、团队和团队之间的沟通路径是几何级数增长的。由于沟通成本的增加，协作互信的关系难以维护，由于误解和信息不对称带来的返工和浪费，使得软件开发的规模边际效益是递减的。不管是传统基于流程的各种开发模型，还是敏捷社区中尝试的各种团队划分方法和沟通协作技巧，充其量只是在试图缓解这种规模负效应，并不能从根本上解决问题。

2. 人员投入程度

软件开发是一个需要紧密协作的活动。大团队增加了人员间个性冲突的概率，会造成团队内不良的化学反应，降低团队效率。此外，大团队还

---

[1]　Brooks, 1975

降低了大多数个体的参与感。我们在多个拥有长期历史的产品开发团队中一次又一次地观察到，在团队规模较小的时候，每个成员都把项目当成自己的宝贝，全力投入，精心呵护，当团队规模逐步增大的时候，似乎只有项目经理等少数几个所谓骨干真正关注整体产品的交付，其他人大多只想着完成手头的一点局部任务就算了事，因此单体的贡献效率大幅下降。

3. 系统复杂度

产生大规模团队的一个原因是系统本身的规模，而根据 Conway's Law[1]，软件设计的架构，实际上反映了开发组织的结构与沟通架构。随着组织结构的扩展和复杂化，模块间接口数量也会随着模块数量的增加呈几何级数增长的。这意味着系统复杂度的增长，而且更加难以评估引入变更的影响，这也意味着系统维护、演进成本的增加。另外，复杂度带来专业分工，因而也带来了沟通成本。系统复杂度带来的第三个问题是计划和文档的成本，复杂的系统意味着大量的系统和项目信息，需要额外的手段来传承知识，这也带来成本。

上述分析表明，对于软件开发组织来说，提高单位规模下的产能是从效率的角度提升竞争优势的关键。

2.2.4　质量

从交付管道流出的交付产物是否能够满足客户的要求？这里的质量是指广义上的质量，包括产品设计、用户体验、功能完善等。质量是个约束性的属性，对于一个特定的产品来说，其质量要求通常是相对稳定的。质量保障是通过系统化的一系列活动，提供足够的证据说明软件产品是适合使用的（fit for use）。

在从生产环境取得反馈之前，我们只能假设：只要有足够可靠的质量保障活动，我们就认为结果产品的质量是可以得到保证的。如果这个假设成立，当我们分析一个质量问题的根源时，就会发现原因肯定是前期的一些质量保障活动不合适或是不充分。当我们又假设，我们会在项目计划里包

---

[1]　Conway, 1968

含合适的质量保障策略，那么如果质量出了问题，通常是计划和进度的可靠性方面的，以至于无法在计划的时间和资源范围内完成足够的质量保障活动。因此，进度可靠，是质量可靠的基础。

可靠性对于任何业务活动，包括软件开发都仍然具有极大的价值，这也是 IEEE 的软件工程目标。前面的推理过程实际也是很多公司推进流程改进的动力。这些公司的期望是，通过提升流程的可靠性，降低进度风险，从而降低进度风险带来的质量风险。不过在瀑布模型里，这种流程可靠性，一方面来自于对开发活动在各个维度上的细分，也就是精细化管理，以期事先能够把事情考虑得面面俱到，并通过流程手段保证该做的事情确实都会发生；另一个方面，其实就是在计划和流程上引入足够的缓冲空间。所谓缓冲，在实际开发活动中的表现其实就是等待，当然，人们总能找到充足的相对价值较低的活动填满这些等待时间，而且理由充分，不留痕迹；缓冲在流程中的表现，其实就是库存，通过库存平滑掉工作单元在各个生产环节停留时间不确定带来资源利用率的波峰波谷。这两类缓冲，其实都是影响组织效率的因素。

除了上面这种方式，另一种提高质量可靠性的手段是缩短反馈周期。

前面提到，质量的不确定很可能是来自工作量估算准确度、开发进度的不确定对测试活动完善度的挤压。在传统软件开发过程中，当开发人员告诉项目管理人员说代码完成了 80%，这个数字对于最后的交付来说，代表了什么意义呢？在不知道这些代码质量的时候，我们并不知道要在后面的测试当中耗费多少时间，因此这条信息的有效性其实非常值得怀疑。如果当所有代码基本完成，才发现各个模块的缺陷密度很高，抑或是各个模块、功能无法一起工作，需要大量的集成和联调时间。到了这个地步，获取这些质量信息的时间已经太晚，对交付结果就已经没什么太大的价值。可靠性的信心来自充分透明的信息，信息的有效性和时效性直接决定了目标达成的可靠性。

提升信息有效性和时效性的关键手段是缩短信息的反馈周期。当我们能够在较小的粒度上，完成设计、开发和验证一系列活动时，其产生的质量和进度信息能更可靠地告诉我们，我们在多大程度上真正接近了最终的交付。在迭代开发模型里，如果每个迭代的交付物都是基本上达到可发布的质量水平，也就是说，大多数的质量保障活动都已经在迭代周期内发生，这在很大程度上就从流程上确立了质量优先的原则，减少了在项目后期需要在交付时间和质量之间做出妥协的机会。

最后，从长期来讲，质量可靠性指的是引入代码变更时所冒的风险。如果代码可维护性好，则风险低，如果基础设施能够迅速检验出大多数变更可能引入的问题，则风险低，反之则风险高。 我们可以把质量分为当期版本的质量和持续提供高质量软件的成本两个问题，这其实就是产品外部质量和内部质量问题。

2.2.5　能力

个人、团队、组织的能力是对上述 3 个因素有直接影响的要素。Peter M. Senge 在《第五项修炼》中指出，一个组织唯一可持续的竞争优势是比对手更快的学习能力。这种学习不仅发生在课堂里，更重要的是从客户、市场、团队学习，从成功和失败学习 [1]。

2.3　小结

如图 2-5 所示，丰田生产系统的房子模型 [2] 里追求的目标是：质量更好，成本更低，实现更快，士气更高。而类似地，我们把软件开发组织的改进分为 4 个维度：速度、效率、质量、能力。这几个维度对应的策略分别是切合时机（JIT）、减少浪费、质量内嵌和学习型组织，对于"成功的软件开发"这个泛泛的命题而言，这几个维度是对探索目标领域的一次分解和缩小，帮助我们更容易地发现问题的解决方法，跟踪问题的解决程度。

不过价值、效率、质量、能力，这 4 个因素只是考虑问题的几个基础维

---

[1]　Senge, 1990
[2]　Liker K. J., 2004

度，它们之间其实有着千丝万缕的联系，并不完全独立，对其进行组合才可以反映出公司的业务目标对研发组织的各种期望。

以差异化这样一个业务目标为例，差异化是期望做到：人家没有的，我有，人家有的，我的更好。一般而言，差异化的方式主要有如下两类。

质量更好
成本更低
实现更快
士气更高

人和团队协作

切合时机（JIT）　持续改进　质量内嵌

减少浪费

统一步调
稳定规范
共享问题

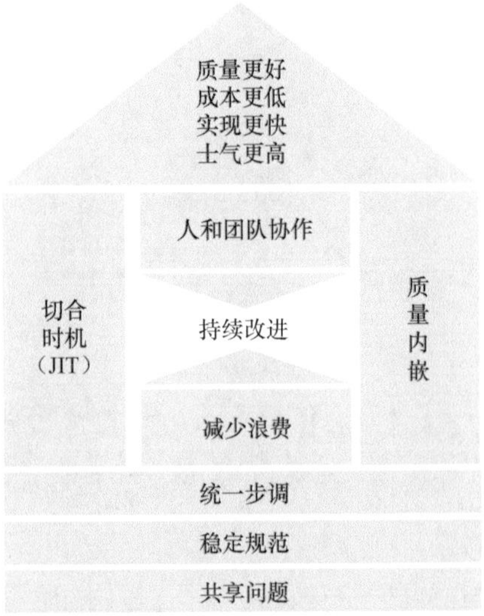

图 2-5　丰田生产系统的房子模型

- 从产品本身角度而言，拥有的特性区别于竞争对手，从而吸引某些用户群，提高用户切换产品的成本和心理障碍。

- 从用户角度出发，分别为某个细分市场、重要客户而量身定制，从而对特定用户产生超越一般的粘性。

差异化能力总是被归类到市场和产品设计部门，很多人总觉的跟软件开发组织没啥关系。想出好的产品和特性只是差异化的第一步，市场和产品设计部门总是抱怨他们的完美思路总是被拖后腿的研发部门浪费了，如果从经济学的角度而言，通常有两个原因。

- 投入市场的周期太久，无法尽早收到反馈，验证思路，由此产生对创新具有遏制作用的运营导向，即新思路的尝试有巨大的财务和市场风险，应尽量减少，提高单个思路的成功率。

- 成本太高，特别是在现有产品中纳入新鲜的想法，经常会受到兼容性、可行性等技术风险的约束，还可能影响已有功能，产生伤筋动骨的问题，或是造成巨大的修改成本。

从上面看，其实一个公司的差异化能力，有相当程度是受限于研发组织在交付周期、开发效率和质量各方面的能力，而这些能力并不是常量，是可以持续改善的。

第 3 章
Chapter 3

决策场景

"要愿意做出决策。这是优秀领导者最重要的素质。不要被我称之为'准备-瞄准-再瞄准综合症'所累。你必须要愿意开火。"

乔治·巴顿（1885—1945）

当我们对一个软件开发组织的目标框架有了一个全景式的了解后，下一步是分析人们是在什么样的场景下，站在什么角度做出判断，并以什么样的行为去达成这些目标。图 3-1 所示是度量体系示意。

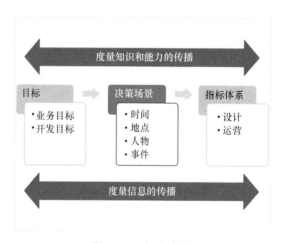

图 3-1   度量体系

3.1   使用度量的人们

在分析决策场景之前，我们先讨论一下应该关注的是谁的决策场景。

虽然一个软件产品或项目的干系人很多，不过我们可以先大致将软件度量信息的使用者分成 3 个主要角色——管理层、项目管理、工程师。

从前面描述的 Big Bank 模拟案例中，我们看到一家公司在一个新业务启动的决策过程里，管理层关注以下内容。

- 公司的战略定位——产品和服务的交付对战略目标的支撑。

- 战略目标的达成——产品和服务的商业绩效，组织的交付效率。

- 组织所处的竞争环境——自身和竞争对手商业模型，对市场变化和机会的响应速度。

- 客户满意度，等等。

大多数的度量都跟项目管理相关，但是项目管理也分不同的层面。首先需要在组织层面考虑各个目标的权衡，诸如交付、创新和能力提升；然后需要考虑本项目在产品或产品线组合中的位置、产品各个版本之间的关系，还要顾及项目目标和相关人员个人诉求之间的关系。如果光凭几个指标管项目，就容易处处得罪人，项目管理难做，其实就在于此。

另一类重要的干系人就是开发过程当中涉及的工程师。虽然开发的目标和过程体现的是组织的意志，但开发的行为却是由一个个的个体完成。这些个体作为有独立意志的人，除了都有机遇和公平的共同需要，也都有着各自的诉求和情绪。工程师不仅仅是第一手度量信息的生产者，当管理层和项目管理人员根据信息采取行动时，不管是在项目目标、范围，还是在开发、管理实践上的调整，工程师都常常是执行者或是最终受到主要影响的人，因此，每个工程师自然而然一看到度量，也都会先打打自己的小算盘，考虑一下利弊后果。

3.2　决策的组织上下文

合适的软件开发实践一定会受到产品本身和开发组织特点的影响，正如 Barry Boehm 和 Richard Turner 在 "Balancing Agility and Discipline: A

Guide for the Perplexed"里提到，5 个方面的因素 [1] 会在很大程度上影响开发的组织模型和流程模型。

- 关键性——缺陷带来的影响。有的产品缺陷可能会带来巨额的金钱损失，甚至对生命安全造成影响，而另一些产品的缺陷只是会导致一些人使用上的困扰，浪费一些时间。通常关键性高的产品，对开发活动的严谨周密要求更高，质量验证方面的设计和规范更加严格。

- 参与人员的水平——团队中仅仅具备基本技术技能、欠缺技术决策能力人员的比例也会影响责任在团队成员间的分布，从而影响团队的协作过程模式。

- 动态性——需求的变化频率和程度。对于在剧烈变化环境中的产品，比如大多数互联网产品，把过多精力放在前期的计划和设计上，很有可能只是浪费；而过于依赖持续重构，极力减少前期设计的投入，对于处在相当稳定的环境中产品，比如一个银行 ATM 系统，可能会带来过多没意义的返工。

- 文化——团队有对混乱和秩序的偏好。在有的组织文化中，人们在被赋予相当的自由度时，才能发挥最大的效能；而另一些文化当中，人们需要清晰的角色和相应流程和政策才能有效工作。

- 规模——产品和项目规模。参与人员的数量，干系人来源（不同的部门、公司）和分布（是否在相同的办公地点、地区、国家）的复杂度，都会影响项目所需的协作沟通的方式、频率、工具和媒介（文档）。

为了能够区分不同类型的公司的开发活动，作为 Big Bank 的对比，我们在这里开始引入另一个场景例子——Big Teleco。Big Teleco 是一家通信设备制造商，在全球拥有多个大型研发中心，开发软件密集的各种电信和企业通信系统。下面我们通过一个简化了的模型从 5 个维度对比一下这两个开发组织，如图 3-2 所示。

---

[1]　Boehm & Turner, 2004

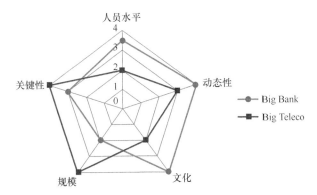

图 3-2 Big Bank 和 Big Teleco 的产品开发组织对比

Big Bank 开发组织特点如下。

- Big Bank 面临的是快速变化的市场环境，而且 Big Bank 正在快速扩张其新业务领域，每一次兼并、每一次业务创新、每一次业务整合都会对项目组合的优先级产生影响。

- 开发团队小到 3~5 个人，大到 20~30 人。

- 当前这个项目的团队有小部分是本公司熟悉业务的开发人员，大多数来自一个以技术能力著称的定制软件开发公司，每个人都拥有多年的开发经验。

- 在团队层面上，人员主要来自那个长期使用敏捷的开发厂商，以强调协作、授权、探寻式的领导风格为主。

- 涉及千万元以上的资金投入和巨大潜力的新兴市场。

Big Teleco 开发组织特点如下。

- Big Teleco 产品的生命周期一般都比较长（有的通讯产品的生命周期长达 10 年以上），其产品主要部署在其生产的硬件设备之上。在生命周期里，代码库会被无数人和团队更改，在陈旧代码上的变更痛苦而昂贵，并可能引入显著的质量风险。Big Teleco 是一个非常强调前期设计的公司。根据统计，每月出现的需求变更并不是非常剧烈，虽然决策委员会每两周有个例会，就变更做出决策，不过一般的市场的反馈要 1~2 个月才能到达产品开发组织，当然紧急需求和缺陷修复除外。跟大多数商业软件开发组织相比，Big Teleco 的产品升级频率要低得多。

- Big Teleco 的一个设备产品团队包含开发和测试可能有 50 到 200 人不等，通常被分为多个 10 人左右的子团队。

- 每个子团队一般都有 2~3 个有相当经验（3~5 年）的骨干开发人员，其他人员相对年轻，一般有 1~2 年经验不等。

- 面向结果，强调执行力的强势文化。鼓励革新，对混乱有一定的容忍度，公司刚经过快速的增长阶段，中层管理人员都比较年轻，基本以命令控制式的管理风格为主。

- 涉及十亿美金级别合约和百亿美金以上级别市场份额的争夺。

3.3 项目决策的阶段

在达成目标的过程中，组织、团队和个人会遇到各种各样的决策点。在前面我们已经蜻蜓点水般地对业务策略做了些初步的了解，也探讨了决策发生的上下文，下面我们将继续分析后面的 3 个阶段：项目定义、项目执行、维护支持，来看看这些度量使用者是为了什么，以及如何使用度量信息。软件产品开发周期如图 3-3 所示。

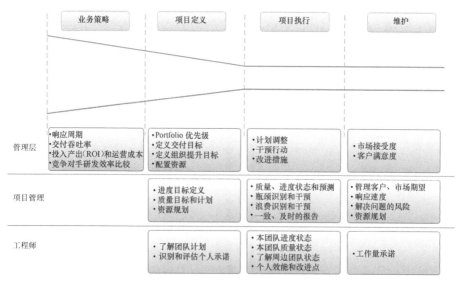

图 3-3　软件产品开发周期

3.3.1 项目定义

经过前面的业务策略阶段，管理层应该做出判断，确定这个项目在可见的一系列机会里是一个高价值的目标，并初步论证了可行性。这时候需要根据前面阶段获得的信息，识别和澄清这个项目要解决的业务问题，定义交付目标，配置所需资源，并在制定在交付过程中期望组织的提升目标。

1. 问题定义

做正确的事情，第一步是要识别出正确的问题。阿尔伯特·爱因斯坦曾经说过，"如果我只有一个小时的时间去拯救世界，我会用 59 分钟来定义问题，用 1 分钟寻找解决方案。"清晰地定义问题是设定目标、制定计划的前提。我们经常会低估了问题本身的定义对后续方案产生的影响，实际上，仅仅是描述的不同都会对解决方案的方向产生重大的影响。

一个项目的立项通常是为了解决一个或一组业务问题，目的可以是使产品覆盖更大市场和更多用户，或是满足某类客户新的业务需求，为现有用户提供更多价值，也有可能是为了赢得一个重要客户的招投标，完成一次对市场的试探，还有可能是满足某个政府或是行业的合规要求。

Big Bank 在这个项目中要解决的问题如下。

- 很多个人和家庭拥有相当数量的闲置资金，正以低于通货膨胀率的银行利率在银行里贬值，他们缺乏相对稳健的投资渠道获取高于银行定期存款利息的收益。

- 很多个人和小企业主在缺乏短期资金的时候，难以通过一般正规金融机构以合理利率获取贷款。

- 作为中介机构，Big Bank 如何高效地撮合上述两类客户的需求，形成交易并从中获利？

- Big Bank 如何通过这个新业务跟已有业务之间的协同作用，扩大对零售金融市场的覆盖，形成竞争壁垒？

> Big Teleco 正在开发的这个产品，其所面临的业务问题则是进一步拓展下一代无线通信市场的份额，在市场上形成技术领先的优势，而当前这个项目则是为了满足产品在一个新市场部署实验局的规格要求。

如果把项目分成问题域和方案域，不少组织和个人都会不自觉地混淆问题域和方案域。一个具体现象就是，当开发团队讨论一个项目的时候，把所有的时间都用在了分析、设计和实现解决方案上，大家都在说要如何开发某个特性，很少看到有人甚至提起这个特性到底是要解决什么问题，为谁带来什么样的价值，问题的产生场景是怎样的，大家对这些问题的答案经常是想当然。

这种现象其实也跟不少组织中的角色定义有关。在很多领域，分析问题的人和分析解决方案的人被分成不同的角色，比如分析员、架构师、开发人员，三个角色之间的关系明显就是前者为后者分析问题，后者为前者提供解决 / 实现方案，而后者经常缺乏对问题域的全局掌握和关注，导致做方案的人不时会把时间和资源放在了无关重要、甚至是错误的问题之上。

2. 交付目标

一般来说，我们很难通过一次交付就彻底地解决一个业务问题，一次交付的目标更可能是为了达成产品路线图上一系列路标中的一个。这个路标可以是一个新的价值流的端到端的实现，也可以是在现有的价值流上增加不同场景，为用户提供更加丰富的选择。

交付目标应该有可度量的开始点和截止点，也就是有清晰的边界。这个边界可能会在交付过程中，根据最新的信息而调整。但在任何特定的时候，项目的所有干系人对边界都应该有一个清楚的共识。

> Big Bank 这次的交付目标是在同类机构之前，以最小可行产品的策略，将这项新业务推向市场。
> - 通过在线方式，帮助借贷双方方便、安全地完成投资和借贷。

Big Teleco 这个项目的交付目标是某客户在该特定市场部署实验局所必需的 2 个关键需求。时间点对于这次交付至关重要，管理人员需要根据市场的要求来定义决策评审点，Beta 测试开始时间等关键时间点。

3. 提升目标

从来都不要指望脱离日常工作的刻意培训能给交付能力带来本质的提升，就好像没有球员能够不经历无数场的拼杀就能成为伟大的球星，也没有外科医生能不经历无数场的手术就能成就卓越的医术一样，只有真实项目上的挑战才能激发人们学习和创造的潜力。一个组织要分析相关行业和竞争对手的数据，对自身交付竞争力做出评估，有策略地制定提升目标。研发竞争力的提升必须要以项目为载体，在实践当中部署实施。

Big Bank 经过分析，认为自己的开发中心在效率上、质量上都领先于同行业的软件开发组织，但是在进入在线业务领域后，竞争格局出现了很大的变化。除了其他金融机构的竞争，各大互联网公司也在尝试进入金融领域，正以各种方式尝试直接或间接地提供针对个人和企业，特别是小企业的金融服务。

这些互联网公司对机会和市场的响应方式和速度，却跟传统金融机构有很大的差别，方式上经常显得更有创意，不拘于已有金融服务的模式，反应速度上不是传统大型机构的步调所能匹配。以往大型金融机构所拥有的网点和客户数量优势，是新进入者不得不面对的坚实壁垒，而这个壁垒在互联网的规模覆盖和社会化营销的效率面前却威力不再。

因此，Big Bank 的管理层决定，这次的项目应该作为一个试点，尝试新的开发方法、流程和技术，以及用户体验设计和网站运营手段，把互联网公司当做标杆，提升对市场的响应速度和产品研发的价值命中率。

Big Teleco 的产品开发团队的划分是基于产品架构对子系统和模块的设定做出的，Big Teleco 越来越意识到这种模式带来的两个问题。

- 现有的模块团队的划分开始局限产品架构的设计。系统工程师做设计的时候，总是有意无意地会把现有团队结构和能力范围作为约束条件，影响了最适宜设计的产生。

- 能力的细分越来越严重，具备全局能力的工程师越来越少，培养周期越来越长，并且要形成端到端的交付能力，哪怕是为了很小的一个特性，都需要引入大量的沟通和协作成本。

因此，Big Teleco 在这个版本的开发中决定在一定限度内打破模块团队的协作模式，尝试根据项目目标组织临时特性团队的工作方式。

4. 资源配置

一个大型的开发组织一般都有多个产品、多个版本在同时进行当中。这就涉及到在不同发布目标之间的权衡，决定资源，特别是优质资源的分配。优秀的人员和关键的设施永远都是稀缺的，如果不稀缺的话，倒是让人有点怀疑这个组织的运营效率了。资源的投入经常是多个项目、多个产品之间博弈的结果。

鉴于这个项目的业务和开发方法对现有团队都是属于比较新的模式，为了能够确保交付和学习两方面的目标，Big Bank 决定成立一个新的开发团队，从其他团队抽调部分精兵强将，再从外部找个经验比较丰富的厂商合作开发。

Big Teleco 的人员管理和培养属于功能部门的职责，项目经理需要根据当前项目所要完成的活动确定所需技能和相应人员的数量，会同各个功能部门经理、产品线总监，协商获取相关资源。

项目管理人员需要根据项目的目的和里程碑来规划项目，在规划的时候需要覆盖进度、质量、资源和风险各个方面。

5．进度目标

项目管理人员需要根据自身所采用的流程模型和团队在整个产品开发生态系统中的位置，识别交付所需的各项活动、每项活动所需的时间，以及活动之间的依赖，并以这些数据为依据描绘项目的关键路径[1]，从而制定进度目标。

项目的关键路径信息可以帮助项目管理人员识别交付过程中的里程碑。里程碑提供了一个常规机制来跟踪项目的进展是否跟预期相符。虽然我们强调项目当中的反馈机制应该使相关人员能够尽可能接近实时地获取信息，即刻采取行动，这些里程碑给团队之外更广泛的项目干系人一个必要的机会，一起分析最新的项目和环境信息，调整后续的时间点、投入、工作范围和目标，或做出其他必要的决策和干预。

里程碑的定义要有明确的目标。典型里程碑的标志通常是跟某交付物的验收结束相关，确保验证的力度和问题的解决符合预定的阶段性质量目标。

- 阶段性评审的结束，比如需求、设计、测试计划等。

- 某个交付物的质量保障活动的结束，比如功能测试、集成测试，用户接收测试（UAT）。

在迭代交付模型里，典型的里程碑是发生在每个迭代结束的时候，以迭代展示（Showcase）为标志。团队会在这个场合将交付物——经过验证的特性，演示给项目的干系人，并获取反馈。有的团队也会利用这个机会（团队外的各方干系人在场的机会），针对一些中间产物，诸如界面原型、架构设计和技术决策分析、测试用例等，收集反馈，甚至开展评审活动。

> Big Bank 期望在年底之前发布产品，决定采用 2 周一个迭代的策略，以便及时得到反馈和对计划做出适应性的调整。Big Bank 把第一次内部发布定在了第四个月，也就是元旦前的一周，然后，根据这个时间点倒推出了下列信息。

---

[1]　http://hspm.sph.sc.edu/COURSES/J716/CPM/CPM.html。

- 每个迭代的期望产能（交付的点数）。

- 关键交付物的验证时间点。

- 外部依赖的检查点、接收和验证计划。

- 性能和负载等非功能属性的验证计划。

- 用户接收测试的时间点。

这个项目采用典型的迭代开发模型，在开始的时候计划了一个 2 周的启动阶段，这个阶段的交付物如下。

- 需求：目标用户模型（Persona 分析）、用户体验路线图、业务流程、信息架构、界面原型、用户故事列表。

- 技术：架构设计、关键技术决策、关键非功能性需求的可行性验证。

- 计划：估算、优先级、依赖分析、风险分析。

由于这个产品对外部的依赖是几个已经投入使用的后台系统，所以跟那几个后台系统的负责团队确认了开发协作的方式和集成测试的时间点。

Big Teleco 使用的是由经典 IPD（Integrated Product Development）流程衍生出来的一套结构化、端到端的产品开发流程，包含概念、计划、开发、验证、发布和生命周期 6 个阶段。IPD 流程覆盖产品开发团队（PDT）、财务、开发、支持维护、制造、采购和市场各个组织，本文只关注其中软件开发相关的部分。

在计划阶段，软件相关的交付物包含：系统规格和概要设计、用户体验设计、需求分解和分配、系统测试和验证计划、文档计划、支持和维护计划……

---

6. 质量目标和手段

不同类型的产品有不同的质量目标。对于一个飞行导航系统和一个 blog

系统来说，其质量的要求自然有所不同，因此使用的测试手段和其他质量保障活动也会有所不同，需要不同的质量保障策略。

Big Bank 测试和开发人员来自一个大的资源池，基于项目的需求组成一体化团队，也就是说各个层面的测试和验证是在团队内部完成的。在测试人员主导下，团队中不同角色的代表一起制定了一个覆盖 3 个层面（单元、功能、集成）的测试策略、自动化策略、用例管理策略。

在这个项目里，开发人员将负责单元测试完成，测试人员将会跟业务分析人员一起定义每个用户估算的验收条件，并设计功能和集成测试用例。功能和集成测试用例的自动化则根据工作量的平衡，由开发人员和测试共同完成。

Big Teleco 拥有完整的质量保障体系，具体内容如下。

在产品的整个开发周期里，对各个阶段、各个功能部门的交付物，包括各种分析、设计和计划文档，软件代码和测试用例都有严格的走查、评审机制。

测试手段覆盖开发人员测试（单元测试和单元级别的模块和集成测试）到测试人员测试（包括系统集成测试、Beta 测试等）。

Big Teleco 的测试团队独立于开发团队，这种组织模式基于的观念如下。

- 测试的独立性能够为产品的验证提供跟开发不同的视角和思维模式，因此更有利于发现缺陷。

- 测试是一个专门的技能，在组织中应该有专门的团队为能力的培养和提升，以及提炼和吸纳业界的最佳实践负责。

电信类产品虽然日新月异，不过相对于商用软件和互联网软件，主流电信类产品开发技术在过去的十几年间变化不大。同样的，测试策略在同一个产品线里的各个产品和版本之间有很强的继承性，基本是以渐进的方式演化。因此，测试经理在项目定义的阶段，更关注的是参与设定产品的质量目标、制定测试和验证计划，参与项目计划的制定，协调测试资源的到位。另外在电信领域，为本类型产品量身定做的自动化测试工具会大幅降低测试的用例的开发和维护成本，所以测试经理还会需要梳理测试工具开发的需求，甚至带队参与测试工具和模拟软件的开发。

除了独立的测试团队，Big Teleco 还有独立于项目的质量保证部门，与各个功能部门紧密协作，负责质量战略和目标的落实。质量部需要做以下工作。

- 根据业务目标，协助制定质量策略。

- 参与项目计划和计划的评审。

- 分析历史项目指标数据，协助制定当前项目的质量目标。

- 负责流程的运转和优化改进，以及相关知识和能力的传播和提升。

7. 资源的规划

什么时候应该谈投入什么样的资源，包括人员和设备？这个时候，项目管理人员就需要用真凭实据，对照过往的历史数据和项目相关信息，提出资源的要求。

Big Bank 的项目团队组成通常是根据项目的需要，考虑技能匹配和时间安排，从部门资源池里选择。这次 Big Bank 的项目管理人员跟合作厂商一起对初始的发布目标进行了分析和估算，经过权衡可获得内部人员数量和采购预算，再把交付目标的要求和学习提升的期望纳入考虑，得出的结论是，为了满足要求，需要自己团队出 5 个人，厂商出 10 个人。

Big Teleco 的项目团队具有相当的稳定性，熟悉一个产品的业务领域，甚至只是熟悉一个模块的业务和技术，都有可能需要 1~2 年的时间，因此，通常是上一个版本团队的人员释放之后就逐步投入同一产品的下一个版本，人员的稳定性对团队成熟度、技术积累、开发效率都要较大的影响。这个项目也是一样，上一个版本的开发已经进入最后的系统验证阶段，人员开始逐渐投入到这个版本。

对于个人来讲，项目的参与人员需要了解团队计划，评估个人对于交付目标的承诺，并且识别成长的机会。每个人心里都有一本账，而这本账的计算结果会时时刻刻地影响着个人、团队的士气和投入度。

> Big Bank 的开发人员 Tom 心里评估着团队的目标和计划是否靠谱，看看自己是应该拍拍胸脯，承诺保证完成任务，还是应该摆出一副苦样子，表示一下对于激进目标的担忧，另一方面又思考着这个项目对自己在技术上还有业务上的成长是否有帮助，盘算着自己在这个项目上的贡献和成果是否成为未来升职加薪的筹码，增加自己在工作市场上的竞争力。

3.3.2 项目执行

到了项目执行阶段，管理层关心的是什么时候应该进行干预。干预通常主要出自以下两个方面的原因。

- 环境变化——市场上的客户需求或是竞争对手的行动出现了变化，原来决策所基于的事实或假设出现了变化，因此需要对本组织的开发做出调整。

- 内部变化——本项目的进度、质量，周边其他项目的进展跟预期不符，如果需要达成原来的目标就需要采取额外行动，否则就可能需要调整目标。

> Big Bank 的项目进行到一半时，国家对这项在线业务相关的某项许可证政策做出了调整。管理层不得不采用了变通方案，这就需要用新方案的特性替换掉先前计划的一部分相关特性。幸好在项目开始的时候，团队意识到这方面的不确定性，把这些特性放在了发布计划较后面的迭代当中，没有在这些特性的分析和设计上花太多工夫，因此浪费的工作量有限，没有对最后的交付时间点产生影响。

对于项目管理来说，为管理层提供确实的数据，支持管理层决策是至关重要的。这里度量数据的典型用途包括以下几方面。

（1）设定管理层对进度和质量的期望。

（2）获取更多资源，以较低的风险达成项目目标或是管理层的期望。

（3）提高项目透明度，取得包括管理层在内的各方干系人的信任，以取得决策的权威。

（4）预测项目状态，争取管理层做出对项目有利的干预。

（5）识别项目执行当中的瓶颈，做出相应调整，或是说服调动其他有资源、有权利的人做出调整。

（6）识别项目执行过程中的浪费，积极采取措施消除浪费。

Big Teleco 拥有完善的质量管理和项目监控机制。

- 质量部门负责如下工作。

    - 定期收集数据，汇总成质量报告。

    - 组织评审阶段交付物和功能部门交付物。

    - 负责质量问题的分析、追溯和解决。

- 项目经理则通过周报机制向各项目干系人通报进度和风险信息。

- 定期的变更控制委员会 CCB（Change Control Board）例会，对变更请求、进度和质量偏差做出相应和决策。

而对于个人来说，每个工作在价值链上的人都希望持续地知道自己干得如何，相比之下成功与否。一方面需要了解自己团队的进展如何，自己在团队当中的表现如何；另一方面需要知道项目和自己的风险，这里主要的风险是自己是否需要为项目进入危急状态买单，比如加班；还有就是周边团队的情况如何，是否给自己或自己团队拖了后腿；最后是个人绩效和提升改进目标是否真的实现了。

3.3.3　维护阶段

管理层在这个阶段更关心客户的满意度，这里满意度主要体现在以下两个方面。

- 需求的价值命中率——做出来的东西是否真是市场和客户最需要的东西，是否为公司创造了最大的价值。

- 客户满意度——这个维度更加复杂一些，不仅包含了前一个需求价值命中率的因素，还包含了用户体验、线上的缺陷率，以及支持维护的响应速度和质量。

> 系统上线对外发布之后，Big Bank 使用在线分析统计工具系统地采集和分析了用户使用行为的跟踪数据，对用户很少使用的特性和用户使用过程中受阻或放弃的特性做出了调整安排，加入到了后续版本的计划。

项目管理人员需要在维护阶段管理客户和市场对维护响应的期望，因此需要知道以下内容。

（1）问题的优先级——哪些问题会造成较大的影响，必须先解决。

（2）响应速度——支持团队对客户的响应周期，包括：邮件、电话确认问题，定位、解决问题，回复客户的周期。

（3）响应质量——提出解决办法是否真的解决了问题？打补丁的时候是否引入了新的问题？

（4）维护成本——每个类型问题和请求的处理工作量。

为了对这些信息做出预判，项目管理人员需要知道产品的历史数据、缺陷率、缺陷定位难度，根据这些信息，项目管理人员需要计划所需的人员，技能等。

> Big Teleco 的技术支持部门不仅负责安装部署等售后工程相关的工作，还要负责技术支持、用户培训，还有其他支持服务相关的活动。支持部门在产品验证阶段就已经开始针对早期客户的支持做出准备，对可安装性和可服务性进行相关的测试，准备现场部署计划，并确保支持基

> 础设施、问题汇报和反馈体系的就绪。另外，技术支持部门还要密切跟
> 踪开发部门的Beta测试，以及早期客户安装、部署和使用过程中出现的问
> 题和解决情况，验证和完善用于支持的设施和流程。

由于维护工作当中会出现紧急的缺陷修复，甚至是变更处理，个人需
要信息（比如队列里问题的数量，以及严重程度），来了解自己的投入和承
诺是否能够满足期望、可持续（是否需要没日没夜的加班）。

3.4　小结

本章依据两种不同类型的企业场景，概要性地讨论了不同干系人在产
品生命周期各个阶段所面临的决策场景。希望通过对度量信息消费者的分
析，发现度量所可能产生的价值。现在的问题是，如何将这些决策环节所
需的信息提炼成一套系统化的框架。为此，下一章我们将讨论度量指标的
设计。

第 4 章
Chapter 4

指标框架

"人们究竟会按照哪种方式发生行为,并不是决定于现实本身,而是他们头脑中关于现实的模型。"[1]

杰拉尔德·温伯格

前面 Big Bank 和 Big Teleco 的例子,让我们按照时间顺序了解了产品开发生命周期中各个不同角色对度量数据的使用需求。我们现在换个角度,用一个持续改进的模型,如图 4-1 所示,如果我们借助戴明环(PDCA 循环——P 计划、D 执行、C 检查、A 行动)分析这个过程,就会发现度量数据的使用主要集中在支持计划和检查两个环节的决策。

图 4-1　度量数据的使用场景

4.1　支撑决策的数据

计划 - 根据已知的数据,设定合理的目标,预测未来可能发生的情况,

---

[1]　杰拉尔德·温伯格, 2004, 页 194

制定可行的计划。根据前面分析中管理层、项目管理人员和工程师 3 个角色所处的位置，我们可以把这些目标和计划分为组织、项目和个人 3 个层面，如表 4-1 所示。

表4-1

计划	参考度量指标
组织	
产品组合（portfolio）规划	产品销售预期 运营成本 资本投入产出（ROI）
交付路线图、里程碑	交付周期
效率提升目标	单位规模产能 竞争对手研发效率比较 组织技能水平
配置资源计划	交付周期 单位规模产能
市场、用户满意度提升目标	产品、特性价值命中率 用户满意度 历史质量数据 竞争对手质量数据
项目	
项目进度计划	工作量估算 团队产能
质量目标	产品质量数据
缺陷预防和排除策略	缺陷发现环节、比例 各级测试覆盖率（单元、功能、集成 / 系统测试）
资源规划	交付周期 目标单位规模产能 团队能力 个人能力
能力提升计划	团队能力 个人能力

续表

计划	参考度量指标
个人	
工作量承诺	工作量评估 个人能力
提升目标	个人能力 团队能力 组织、团队技能期望

检查：我们借助度量数据，识别现实与预期的差异、面临的问题、改进的空间，见表4-2。

表4-2

检查	参考度量指标
进度	团队产能和计划产能对比
效率	流程瓶颈 能力瓶颈 浪费统计
质量	遗留缺陷趋势 各级测试覆盖率（单元、功能、集成／系统测试）目标和状态对比
能力	技能瓶颈 个人能力提升进度 组织能力提升进度
满意度	客户使用反馈 支持响应速度 问题解决率

在 PDCA 这个循环里，预测和计划活动会发生在组织的各个不同层面，而调整和改进机会的识别则都来自开发、支持维护的一线，这也跟精益生产对现场管理（Go See）的强调一致，改进机会浮现之后，干预和改进活动的决策和执行也会涉及组织的各个层面。

4.2 指标

从上面的表中可以看出，为了支持上述的决策，需要设计和运营一套指标体系来收集和分析相关的信息。一个指标体系通常包括下列内容。

- 指标的维度。

- 每个维度里可选的具体指标。

- 指标的优先级评估。

- 指标的数据采集、分析和使用方法。

在第 2 章中，我们提到软件开发组织的目标可以大致分为交付价值、市场响应速度、团队产能、质量和能力几个基本维度，基于此，我们现在建立起一个大致的框架，如图 4-2 所示。其中在响应速度和团队产能之间，由于每次交付都涉及一定的重复工作量，诸如立项相关的管理成本，产品级别的回归测试成本；另一方面，提升响应速度又对挤压项目价值流中的浪费和自动化重复工作提供了动力，因此这两者分别是组织效率中相互制约又相互促进的两个方面，我们将其都纳入到效率的范畴。

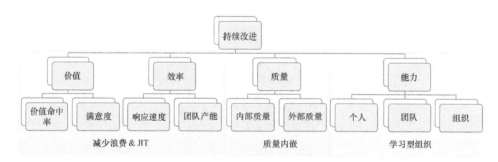

图 4-2 指标体系框架

对于团队而言，这样程度的分解还不够，团队很难将这几个大的维度跟日常开发活动联系起来，我们还需要进一步把这些目标分解成职责更加单一，更加易于获取的一系列指标，并衍生出能对开发目标起到合理引导作用的指标体系，这其实是尝试对这个问题进行一定程度算法化的努力。

　　这个分解的过程其实也是一个建模的过程，很大程度依赖个人的判断，有相当的主观性，每个组织也可以根据自己的判断，做出自己的模型。模型本身其实并不是关键，关键还是在这个过程中理清自己的思路，设定理性可行的目标，并识别出在这个分解、简化过程中所做出的的假设。

　　我们将在后面几章里分别详细探讨这个框架里的几个主要维度。

4.3　指标属性

　　每一个指标都不是独立存在的数据，都必然跟一系列上下文信息相关，具体体现为类似下面所列的属性，见表 4-3。

表4-3

指标 ID 和名称	
相关的提升目标	这个指标针对的是效率、质量或人员的相关提升目标？ 指标跟目标的关系是什么样的？
定义	准确的计算和提取算法
假设	使用这个指标的假设是什么？ 比如： 是否需要团队有匹配的开发实践， 是否需要具备某种基础设施
使用级别	团队、项目、组织
使用者	识别指标的使用者及其使用方式。 产品管理、研发主管、项目管理、开发、测试……
采集方式	谁在什么场合下，通过什么手段收集和分析指标数据
期望的指标趋势	期望指标在某种条件下应该是提高或降低 比如：迭代的产能应该在保障 DoD 的情况下逐步提升
潜在负面影响	指标可能引起团队的博弈行为，应该先行教育，如果在实施过程中发现相应行为，应及时沟通指标的目的和使用方式，从而降低团队的博弈动机
工具支持	是否有自动化的工具进行无侵入数据收集、分析
其他注意事项	

4.4 指标优先级

就好像没有哪个经济学家，甚至是拥有最雄厚资源的研究机构，会在分析经济现状和对未来做出预期的时候，能够一下子把所有可能的经济数据都纳入他们的分析模型。我们在裁剪指标体系的时候，也应该在目标优先级的引导下，如图4-3所示，权衡有效性、可靠性和成本，设计和选择要使用的度量指标。

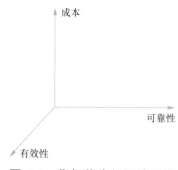

图 4-3 指标优先级评价维度

- 有效性：指标数据在多大程度上能真实地为达成目标服务。

- 可靠性：数据收集以及分析结果的一致性和可靠性。

- 成本：度量数据的收集和分析成本。

以工作量的估算数据为例，在使用 Delphi 专家估算法的时候，参与者会将很多可以量化、不可以量化的上下文信息都纳入到估算的考虑当中，因此有可能得到更有效的数据。不过，不同的人参加估算，甚至同样一群人估算两次也可能得到不一样的数值，因此可靠性可能比不上那些回避主观判断的估算方法，比如代码行数。在成本上，能够自动获取的数据当然成本较低，比如代码静态检查的违规数量，而收集过程需要很多人工干预的指标会造成很人的负担，故应该小心控制使用这样的指标数据。

4.5 指标体系的局限性

每个组织都可以通过自己的判断（注意，是判断而不是分析，同时用左脑和右脑）得出自己在软件开发上要解决的启发性问题，得出自己的改进模型。特别值得注意的是，指标的分解过程跟从谜题到启发性问题，再到算法性问题的降解过程一样，损失了大量的上下文信息，因此：

- 即使在指标上取得了亮丽的数字，也未必一定能够达成业务目标。这个分解的过程是帮助我们梳理主要矛盾，发现工作的关键点的一种有效方式，但是我们应该经常回到这个过程的上一级问题，重新审视当前这一级的目标是否仍然有效。

- 脱离使用场景，单独使用某个指标，通常也没有什么实际意义。我们从前面的 Big Bank 项目中看到，绝大多数的决策事件都需要多个指标数据的支撑。

而且指标之间并不是独立的，比如努力缩短交付周期可能增加回归测试的次数，会潜在地降低开发组织的产能，而能力这个维度则对所有其他维度都会有影响。

那么，我们是否应该试图设计一套体系，直到让每个人都满意高兴了才能去部署呢？从前面的过程中可以看到，度量体系的设计本身蕴含了很多人为的主观判断和取舍，面临着不少的局限性，所以肯定不能满足所有人的诉求。如果那是我们的目标，我们最好现在就放弃，完美绝对不是设计一个度量体系所追求的目标。对业务目标有帮助，能起到引导作用才是我们实施度量体系的价值所在。

4.6 指标体系需要演进

度量体系中的指标不是一成不变的，所谓"流水不腐，户枢不蠹，动也"。企业内部和外部环境的变化不可避免，我们设计体系时所期望满足的目标和优先级也可能发生变化，因而需要随之增加、减少或是修改当前的指标。当增加一个指标的时候，一定要记住重新审视一下已有的指标，看看是否有可以减去的，否则指标体系将会越来越沉重，体系的投资回报逐渐降低。

说到演进，我们在不同公司，特别是比较大型的公司，看到的现象经常是只增不减。当遇到一个需要从流程角度来解决的问题时，流程人员就会尝试在流程上增加新的内容，或者增加新的流程活动，或是启用新的指标，以减小该类问题发生的可能性。随着时间的流逝，流程和指标变得越来越复杂，由于执行贯彻的难度和成本已经使其成为正常运转的枷锁，整套体系形同虚设，最后就没什么人会再关心什么是真地被落实了。

度量体系的演进受到多个因素的影响，有必要对这些因素进行定期的评估。首先是目标的演进，组织在不同阶段，应该对目标定义有不同的优先级，而目标的优先级会对指标体系的裁剪产生影响。以产品生命周期的一个场景为例。如图4-4所示，在早期，抢占市场份额，夺取先发优势可能是最重要的成功要素，那时，市场响应速度就是度量的重心；而当产品进入成长和成熟阶段，质量是树立高端形象，在利润率上拉开优势的关键；到了更后面的阶段，效率、成本则对延长产品生命期，获得更多的收益起到更重要的作用。

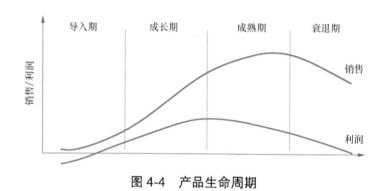

图4-4 产品生命周期

其二是指标数据的收集和分析手段。前面说到，指标设计的选取需要考虑有效性、可靠性和成本3个因素，而数据收集和分析工具的适用性对这几个因素都有至关重要的影响。项目管理工具是否能有效地体现精益的理念，直观地呈现工作单元的状态和在工作环节之间的流转状况，以"看板"的方式把各个环节的队列可视化出来？构建设施是否能够及时反馈每次合入代码的内部质量和外部质量，监测新的变更对整个产品、各个团队有什么影响？逐步有意识地部署、定制和改进相关的工具，就能够以较低的成本，为度量指标的选择和裁剪提供更多的灵活性，使体系更加契合目标的需要。

其三是团队的成熟度。一般来讲，团队对于指标的使用也是有一个认识的过程。如果一个团队很少在日常运营中使用度量，哪怕经过了系统的培训，还是很难在一开始就能判断到底什么指标是有效的，什么指标是没有太大意义的，因此团队对指标的使用经验，其实也是指标体系演进的重要输入。经过一段时间的实践，团队应该能够从覆盖不同领域和目标的指标中做出选择，获得有意义的综合性信息，而不至于淹没在一大堆让人困惑，不知道有什么价值，充斥着噪音的数据。

指标演进所面临的一个明显的挑战是历史数据的保留和延续。通常来讲，我们收集和保持越长的历史指标数据，我们就越容易从中间发现规律性的线索，这种规律性也就越可靠。这种规律其实就是关于这个组织、这个系统所沉淀的一种知识。指标的变化可能意味着历史数据的中断，那么在指标的演进和历史数据的延续性之间如何权衡呢？我们观察到，历史数据的价值在不同的产品开发组织中是不一样的。对于前面举的 Big Bank 和 Big Teleco 两个例子来说，Big Bank 的软件开发团队面临的业务和技术的演进相对很快，几年前的度量数据对当前的软件开发的借鉴意义可能已经不是太大。相对而言，Big Teleco 使用的技术就相对稳定，产品的生命周期也比较长，在这种情况下，提炼一个核心的指标集合，在相当长的一段时间内累积这些指标的历史数据，在具备一定程度一致性的数据中寻找模式（pattern），则能够对后续的提升和创新机会提供线索和证据。

4.7　度量信息的传播和使用

度量相关的信息主要包括期望目标信息和度量结果信息。在传统命令和控制管理方式的组织中，期望和目标的传递主要是自上而下，而度量信息的传递主要是自下而上，两条信息传输途径都基本是单向的。

1.　度量数据应该解决数据生产者的问题。

度量数据的生产者不是度量数据的使用者，也就是说度量数据经常对一线团队没有价值，只是一个负担，敷衍和博弈就成了度量体系里的主旋律。为了应对这种情况，组织可能会引入越来越重的流程和规则，这又进一步导致了效率下降和团队的抵触，造成恶性循环。

我们希望做到的，首先，每个层面的度量信息应该能对本级组织的改进活动提供帮助。这意味着各个层面的组织得到足够的授权，行动的决策应该在拥有最多相关上下文信息的地方做出，而度量数据就是决策上下文信息的重要组成部分。比如一线团队是对产品代码质量和技术债务的恶化趋势最为清楚的，团队应该可以根据相关度量数据做出判断，主动发起并执行改进行动。我们在很多组织观察到，离现场越远地方的人们，越是愿意做出决策，而越是对情况了解最透彻的人们，受到决策影响越大的人们，越是怕担责任，把决策推给所谓上级。不过这是一个系统问题，一个生态环境的问题，不容易解决。

获得持续动力的度量体系应该是能够很快将一些长期问题、慢性问题浮现在一线团队和管理人员眼前，并帮助他们找到合适的解决方法，比如，过长的缺陷修复周期当中的瓶颈和等待，环境问题或是测试可靠性问题带来过高的构建失败率。度量体系应该能够以直观的方式，呈现问题对交付结果造成的影响，生产过程中蕴藏的改进机会，以及解决方案可能产生的收益，从而为团队提升效率和质量，提供有效信息。另外，如果团队需要管理层的支持或干预，度量数据应该提供足够的证据支撑团队的需求，只有这样才能够增强团队的接受度。

2. 各级组织有自己的期望和目标并需要上下双向沟通。

在很多公司里，下级组织的目标仅仅是对上级期望的分解（见图 4-5），缺乏定义自己的期望和目标的意识和能力。然而，在一个活跃而有创新力的系统里，上级的目标不可能覆盖这个系统的方方面面。我们常会看到的现象是，组织高层对一线的开发活动的期望，大都是以对现有产品、方法、工具等方面的优化为主要方向，由于缺少上下文和基于现场问题的思考，不太可能提出替代现有方案的破坏式的创新。就好像对开发中各种技术实践的尝试和采纳，是不太可能由组织层面的目标分解得出，只有现场人员才有可能发现并捕捉这样的机会。如果下级组织缺乏自己设定期望和目标的意识和能力，这些事情就不会发生。另外，有的团队有了这样的意识，如果没有向上级沟通这些目标和上下文的渠道，就获得不了上级的支持，这样的活动也很容易半途而废。

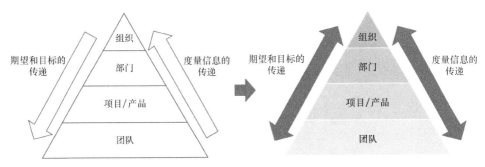

图 4-5 组织中期望和目标的沟通机制

4.8 小结

在本书的前几章里我们介绍了一个度量体系的初衷，通过两个类型的产品开发例子试图描绘不同组织中运用度量的场景，后面的几章将比较深入地讨论对度量对象和度量的各个维度。不过，度量的设计和运用就好似厨师的手艺，读上一百本菜谱并不能让一个新手成为大厨，煎炸烹炒的技巧，切、片、剁、劈、拍、剐中各类刀法，没有在厨房里的摸爬滚打、流血流汗是不可能做到炉火纯青的。度量跟其他的管理技巧一样，也不是读几本书，关在屋子里冥思苦想就能够得到的一套真理，而是必须要真正了解一个特定组织中的习惯和内在关系。这就要深入组织各个层面的工作活动，留心相关的人、事、物，切身体验和研究任何干预行动会对周遭人物的行为产生的影响，这才有可能摸索出适用的方式、方法。

第 5 章
Chapter 5

度量对象模型

"应当仔细地观察，为的是理解；应当努力地理解，为的是行动。"

——罗曼·罗兰（1866—1944）

在讨论具体的度量指标之前，需要先定义和描述被度量的对象。一个开发组织中被度量的对象主要包含两个部分：交付流程、交付对象。另一个系统性的要素是交付对象在流程里各个阶段的度量边界。本章分别讨论度量对象中包含的这 3 个要素模型。

- 交付流程模型——决定了度量所发生的环境，是我们要度量的目标系统。

- 交付对象模型——描述了如何在流程模型里定义、分析、描述交付的目标和对象。

- 度量边界模型——如果想要度量任何一个阶段的任何一个交付对象，有一个重要的问题需要回答，"怎么才算完成？"

5.1　交付流程模型

精益里面一个重要的流程模型是看板系统。一个看板系统的容量大小是被事先定义的，这个容量是用系统所正在处理的卡片总数代表，每个卡片个数跟一件待处理的工作单元相关，当一个工作单元完成了最后一道工序，这个单元相关的卡片就被释放出来，这时系统才允许加入一个新的工作单元，一个系统的卡片数量其实也代表了这个系统所允许的半成品（WIP）的最大数量。

精益系统应该是个拉动（Pull）型的系统，卡片的作用其实是一个信号机制。只有出现了空余的卡片，才能够在本系统中增加新的工作单元，所有的其他待处理工作都放在另一个队列里，等待出现空余的卡片。看板系统希望达成的效果如下。

（1）通过数量有限的卡片，避免在整个生产系统中出现过载的情况，从而保障需求和团队产能之间的平衡。

（2）通过可视化的方式，迅速发现任何环节出现瓶颈，以便及时干预。

如果系统运作顺畅的话，客户最需要的产品在整个系统中不间断地从一个环节流向下一个环节，卡片在整个过程中尽可能一直处于增加价值的工作环节，也就处于被加工的状态，尽量减少处于等待状态的机会和时间。

这个过程中，每个人在同一个时间应该只工作在一个卡片上，如果一个人拥有 2 张以上的卡片，意味着在不同卡片之间的切换，这不仅增加了切换上下文（文档、代码、工具、开发、测试环境）工作量，还增加了隐藏的等待状态，因为在任一时间里，2 张卡中肯定至少有一个是没有被任何人处理的。

我们看看图 5-1 显示的一个多团队协作的场景。每个团队都有一个自己的交付管道，而整个产品项目团队就好像一个大管道。管道上有待分析、分析、待开发、开发、待测试、测试、完成，这么几个状态，其中分析、开发、测试是增加价值的工作环节，而待分析、待开发、待测试则相当于过程当中的缓冲队列。团队成员把自己的名字，用小贴条贴在一张自己正在工作的卡片上。项目管理人员则随时关注处于待分析、待开发和待测试队列里工作单元的数量，数量增加可能意味着紧邻的工作环节出现了阻塞或是瓶颈。比如图中 team 2 的待测试环节积累了 4 张卡片，显得有些不同寻常，当然其原因可能多种多样，但至少这提供了一个明确的线索。图中另外还有一个值得注意的线索。整个产品的大管道上，在待测试环节的队列里的卡片数量远超过其他环节。这清晰地显示出了整个系统中的瓶颈所在，管理人员应该深入分析，寻找对策。

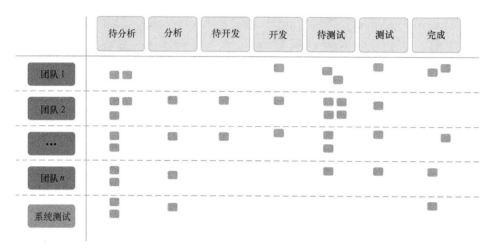

图 5-1   多团队协同看板

根据前面讨论的目标，从度量的角度来讲，我们要研究的就是这个精益系统的以下内容。

- 交付价值。

- 周转速度——响应周期。

- 运转效率——产能。

- 可靠性——质量。

- 系统能力——个人和组织。

在研究这个系统如何达成我们的目标之前，我们先要定义澄清几个重要的概念。

5.2. 交付对象模型

在我为其担任咨询顾问的很多团队里，大家常以功能或是模块作为交付对象的单位。这样的方式虽然在操作上感觉比较自然，因为大多数人都是以功能或模块为边界，自上而下地分解和理解一个系统，但从度量角度来讲，这种方式在粒度上就比较模糊。我在计划和评估会上经常看到一两百行代码的功能和三五千行的功能在同一个层面上讨论。即使抛开对功能和系统本身的熟悉程度、个人的经验和评估能力，这种方式在估算和度量的准确性上其实很成问题。这是由于我们在做判断的时候，经常会受到锚定偏见 / 基准点偏见（anchoring bias）的影响 [1]，这种心理上的偏见很容易就把我们带到坑里去，而且很难仅靠小心谨慎来排除。

锚定偏见是心理上的一种经验性的或是启示性的作用，会对人们的评估结果造成影响。当我进了一个餐馆时，在菜单上看到大多数菜至少都是八九十元一份，更不消说那些几百元、数千元的海鲜了，这时偶尔看到个三四十元的菜，顿时觉得这个还挺便宜啊，其实就是个炒时蔬或是某个家常菜。人们通常会根据前一个数字来对后面的数字有个判断或是预期。在软件的工作量评估当中产生的结果就是，不管一个功能实际的大小如何，人们通常在估算的时候，倾向使结果靠近前面已经估算的功能的大小量级上。那么估算一组大小相差极大的功能，其结果就很容易受到这种偏见的影响。比如我们刚刚估算一个大约 3000 行代码的功能，后面马上要估算的一个功能比起前面一个小很多，我们通常倾向于至少估个 800 行或是至少500 行，不会太情愿放个 200 行的数字。因此，为了能够更加系统地对度量的对象作出分析，我们需要对交付对象的粒度有个合理的定义。

为了能够找到合适的粒度，我们先需要寻找一个合适的方式来拆分度量的对象软件。敏捷开发提倡以端到端的方式划分交付的对象，期望每个划分出来的交付对象必须能够为软件的用户（不管用户是一个自然人还是另一个存在交互关系的系统）提供直接的价值，为此还提出了划分用户故事的 INVEST 原则（见右图），其中的 V 就指的是价值（Valuable）。在不同的软件开发流派当中，对端到端特性的描述术语有所不同。

| I - Independent |
| N - Negotiable |
| V - Valuable |
| E - Estimable |
| S - Small |
| T - Testable |

---

[1] Tversky & Kahneman, 1974

Extreme Programming（极限编程）的实践者大多使用用户故事（User Story）描述客户需求。用户故事用简短的日常或业务语言来描述用户的行为和需要，关注的是"谁"，"要做什么"，"为什么"。Mike Cohn 在他的《User Stories Applied: For Agile Software Development》中提到了用户故事的 3 个方面[1]，如下所述。

- 用于计划或是提醒的描述性记录（是工作量估算和任务划分的载体）。

- 作为交流的载体，辅助对话者发掘相关生动细节。

- 作为测试的载体，为测试传递和记录需求细节，并决定用户故事什么时候算是结束。

Unified Process 在建模上给予相当多的关注，认为模型能够帮助人们理解并形成对问题的定义，并使解决方案具象化。从捕获需求的角度来讲，Unified Process 选择用例建模（User Case Modeling）这样一个背景不同的人都能理解的方式，以期获得诸如用户、开发人员、客户、管理者等，更广泛的干系人的理解和共识[2]。用例方法早先由 Ivar Jacobson 在其著作《Object Oriented Software Engineering: A Use-Case-Driven Approach》[3]里首先引入，而 Alistair Cockburn 的《Writing Effective Use Cases》[4]一书则系统地展示了用例的实践方式。其所用的例子都很有借鉴意义，有很强的可操作性，为用例使用的推广起到了很大的作用，就连 Extreme Programming 的实践者在需要细化用户故事的时候，也经常会采纳用例的描述形式。

Scrum 定义的 Product Backlog 是一个按优先级排序的需求列表，但却没有定义 backlog 里的需求是在什么样的粒度上，以什么形式描述，因此实践者一般都从其他流派借来了需求的发现、分析和描述方法。这其中用户故事在敏捷社区里被使用等似乎更加广泛一些，也有不少人倾向于使用 Use Case 的方法。

---

[1]　Cohn, 2004, 页 4

[2]　Kruchten, 2003

[3]　Jacobson, 1992

[4]　Cockburn, 2000

在《Agile Software Requirements》一书中，Dean Leffingwell 尝试着梳理敏捷理念下的需求管理体系，使其能够适应不同规模、类型的开发场景。其中一个重要的做法是把软件开发组织处理的工作单元分成了 4 个层面：投资主题（Investment themes）- Epic - 特性 - 用户故事[1]。具体见图5-2。我们用前面的 Big Bank 的一个系统来介绍一下这几个层面的开发对象大概是个什么样子。

投资主题（Investment Themes）——一家企业可能在向市场提供多个产品或产品线，在这些产品组合上的投入程度是以企业的产品战略为前导的。企业通过计划一系列的投资主题来获得合适的产品布局，从而达成最终的战略目标，这个时候交付单位就是投资主题 - Investment themes。

> Big Bank 决定在下一个阶段里，一个重要的投资主题是，通过其数字在线渠道，针对零售客户（就是像我们这样的普罗大众），提供业界最丰富、方便的理财服务。

Epic/ 特性——一个大规模系统的开发通常以项目或项目群的方式组织，多个团队会并行工作在一个敏捷发布火车上（Agile Release Train）。这个时候管理和度量的对象是 PSI（Potentially Shippable Increments）可交付的增量，可交付的增量经常用特性或是 Epic 来代表。Epic 一般指的是在比较高层面的描述，通常一两句话，可以被分解成一组相关的特性。

> 在 Big Bank 的一个 Epic 是贵金属投资下的黄金交易。在黄金交易有两个特性：即时交易、委托交易。
>
> 这个场景下，委托交易已经是一个最小的可交付的增量（PSI），如果再细分下去，比如分解成买入和卖出两个子特性，这两个子特性是没法独立交付的，因为用户没法接受只能买入或是只能卖出。

用户故事——在团队层面上，管理和度量的对象是团队 Backlog 中的故事列表。

---

[1] Leffingwell, 2011

在 Big Bank 的黄金委托交易里有两个用户故事，如下所述。

（1）委托买入：作为投资用户，我想要委托 Big Bank 在给定的时间内，如果黄金价格跌到一个给定数字的时候，能为我买入给定数量的黄金，为了能够以我预期的比当前价格更低的价格及时买入黄金。

（2）委托卖出：作为投资用户，我想要委托 Big Bank 在给定的时间内，如果黄金价格涨到一个给定数字的时候，能为我卖出给定数量的黄金，为了能够以我预期的比当前价格更高的价格及时卖出黄金。

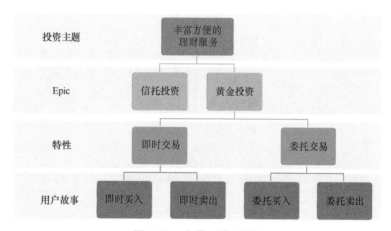

图 5-2 度量对象分解

除了明确各个层面的交付对象，另一个需要厘清的概念是什么代表了完成。

5.3 度量的边界 —— DoD（Definition of Done）

我们经常在开发过程中看到类似于这样的现象，一个开发人员对项目经理说，这个功能快做完了，已经 80% 了，第二天说还差一点，一周过去了，没做完，又一周过去了，还是没完。

出现这种情况可能有以下两个主要原因。

- 一个原因是这个开发人员和项目经理讨论的这个交付对象，也就是这个功能，可能过于复杂而存在太多不确定的因素，说白了，其实就是太大了。我们希望通过前面提到不同粒度的端到端的划分来解决这个问题，使开发人员和管理人员应该都知道讨论的对象是在什么样一个粒度，其中包含的风险在什么样的一个量级上。

- 另一个可能的原因是，基本功能虽然实现了，但是在自测的时候，或者是在跟其他功能进行联调，又或是测试人员测试的时候，发现了各种各样的问题，所以一直不能完成。开发人员在计划时间和汇报进度的时候，经常不会太注意功能编码完成后的工作环节，低估其中的不确定性对时间产生的影响；而管理人员其实更加关心的是距离软件可用的时间和工作量，不是编码完成了百分之多少。要解决这个问题，我们需要对完成做出清晰的定义，使开发人员和管理人员对完成所表达的意义上有了统一的认识。

这里我们需要使用一个重要的概念——DoD（Definition of Done）。根据 Dhaval Panchal 在 Scrum 联盟发表的一篇文章上的说法 [1]，DoD（Definition of Done）是软件生产所需活动的一个检查列表。这些活动可能包括：需求澄清、功能设计、编码、单元测试、功能测试、联调、集成测试，还有一些我们暂时在这里没有考虑的活动，在生命周期中靠前的有需求的发现、体验的设计，往后靠还有部署、线上反馈等相关的活动。DoD 引导开发行为示意如图 5-3 所示。

图 5-3　DoD 引导开发行为

DoD 的计划分成以下 3 个层面。

（1）特性 / 用户故事 DoD。

（2）迭代 DoD。

---

[1]　http://www.scrumalliance.org/articles/105-what-is-definition-of-done-dod。

（3）发布 DoD。

Dhaval Panchal 在他的文章里提到决定各个层面 DoD 的策略的因素如下。

- 我们是否能在特性层面完成这项活动？如果不能，那么……

- 我们是否能在迭代层面上完成这项活动？如果不能，那么……

- 我们需要在发布层面上完成这项活动。

对于一个软件开发组织而言，定义不同层面的 DoD 分别包含什么活动取决于多项因素，例如产品本身的复杂度、业界适用的开发和测试手段，以及团队和组织本身的复杂度。相对来说，如果交付周期非常短，比如互联网产品，可能需要在特性级别完成所有的质量保障活动，包括性能和负载测试，真正做到精益里的单件流；而对于一个产品复杂度高、自动化测试工具不具备，或是由于硬件和环境等条件的限制导致自动化成本很高，可能就需要在拓展特性和迭代 DoD 的范围时，合理权衡成本收益。

我们在帮助一个电信设备供应商的软件团队采纳敏捷实践的时候，评估的结果大致如下。

- 产品本身生命周期很长，已有近 10 年的历史。

- 软件的复杂度相当高，团队工作在数百万行的遗留代码上。

- 单元测试基本不存在。

- 功能层面的自动化测试有限，只覆盖少数关键功能，主要目的是冒烟测试。

- 各个模块之间的联调需要数周，通常会发现大量问题。

- 系统层面的自动化测试有一定的覆盖。

- 各级持续集成设施都暂时还不具备，模块间和团队间的接口调试依赖全部编码完成后的集中调试阶段，这个阶段通常占据开发周期的 20%~30% 的时间（通常长达 2 个月）。

根据上述情况，我们推荐这个团队起步于：

- 以单元测试作为用户故事级别的 DoD；

- 以功能测试作为迭代级别的 DoD；

- 其他质量保障活动，只能暂时在发布级别做。

对于 DoD 的定义并不是一成不变的。因为随着团队技能的扩展，更有效的工具和框架的引入，测试、构建基础设施的完善，提前完成更多质量保障活动的投资收益平衡点是在移动的。我们对上面的这个团队制定了下一步的目标，那就是在当前版本结束之前（6 个月），通过完善各级自动化测试体系，搭建覆盖个人构建、团队级、版本级，以及产品级的持续集成设施，在当前版本尝试将用户故事的 DoD 拓展到功能测试，如图 5-4 所示，并在下个版本实现把迭代 DoD 拓展到联调和系统测试。

图 5-4 拓展 DoD 在不同层面的范围

团队应该对 DoD 的定义达成共识，并将其明确地记录下来，严格执行。随着团队交付能力的提升，DoD 应该逐渐演进。在这个演进过程中，度量体系起到的作用是牵引团队。

（1）拓展 DoD 的范围：提高用户故事、迭代的验证级别。

（2）提高流程和质量可靠性：减少联调、系统测试周期的不确定性对交付时间点的影响。

（3）降低缺陷的修复成本：提前发现和去除潜在问题和缺陷。

第 6 章
Chapter 6

价值

"一个点子的价值只能存在它的使用当中。"

托马斯·爱迪生 (1847—1931)

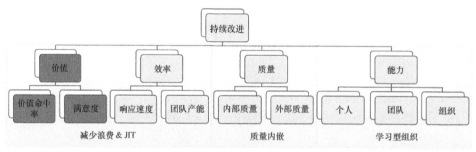

图 6-1 指标体系框架[1]

不少人都认为开发组织的目标就是效率，但是在实践中，我们确实看到不少的开发组织在高效地开发着没有价值或是价值低下的内容。我们从两个角度来看看如何提高交付的价值：

- 识别和拆分高价值特性，小批量交付；
- 减少和消除低价值特性。

6.1 识别和拆分高价值特性

提升软件交付的市场价值首先在于优先交付高价值的产品和特性。精益软件开发提倡使用拉动（Pull）的方式，尽可能以小批量的方式，交付市场

---

1 本章内容在指标体系框架中的位置如图6-1所示。

已经发出强烈、确定需求信号的特性。我们发现很多公司来自市场和产品规划部门的需求经常就是一句话的描述。分析人员接到这样的一句话的需求后，为了规避风险，避免遗漏了内容自己倒霉，抱着宁可错杀一百也不能漏过一个的态度，会倾向于把需求分析得越全面越好，试图把客户可能需要的内容，都一一列出，纳入到项目的范围。而实际上，当我们把一个较大的特性细分成一系列的端到端的子特性后，一般会发现并不是所有的相关子特性都是在一个优先级上，更不一定要在当前版本发布出去，客户的实际使用也并不一定会立刻覆盖所有可能场景。因此，分析全面本身没有问题，但问题是缺少一个反馈环节，也就是梳理细分特性的优先级，并将其反映在计划当中。

较大的需求粒度和交付批量会带来的一系列潜在的问题。

- 首先是"绑架"高价值特性。如果较低价值特性被延误，也会拖着同一批次里高价值的特性，一起延误。

- 然后还会导致高价值特性很难"夹塞"。从交付价值上讲，排队夹塞不一定是一件坏事。环境会发生变化，团队也会由于获得了更多的信息和知识而改变先前的判断，这些不可避免的因素都可能导致在交付过程中发现更高价值特性，插队行为在大粒度、大批量的交付模式下，要么会导致项目的延误，要么导致半成品的废弃，会带来大量的浪费。

想象一个例子：假如市场部门要求在产品的下个版本里增加 A、B 两个特性。当前计划是在 Release n 的 6 个月里，把这 A、B 两个大特性都交付了。

假如 A、B 各自可以划分出 5 个子特性，为了分析方便，我们假设这个例子当中每个子特性的工作量大小一致，都是 10，如图 6-2 所示。我们根据其对市场或是用户的重要性，对这些子特性各自赋予相应的价值。我们面临以下两个选项。

（1）根据前面的计划，如果我们把这 A、B 两个大特性的 10 个子特性都交付了，创造的总价值是 100。

（2）如果我们能调整交付周期和计划，先交付客户马上要用的，还有在依赖关系上属于被依赖的子特性。在前 3 个月的版本 n 交付（A1，A2，A3，B1，B2），价值为 75。当下一个版本启动时，市场在这 3 个月中的反馈表明，有个新的价值较高的需求 C 出现了，其子特性 C1，C2 各自价值都是 15，那么如果我们在版本 n+1 的 3 个月里交付的是（A4，B3，B4，C1，C2），这样在 6 个月的周期内，我们就交付了价值 120。

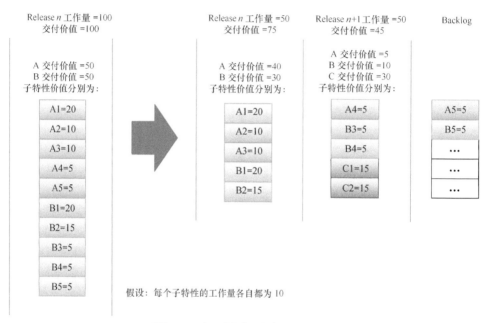

图 6-2　识别和拆分高价值特性

从上面的例子可以看出，如果我们能够端到端地细分需求，并对其进行精细化管理，就有可能在其他因素不变的情况下提升交付的价值。下面我们看看 Big Bank 的例子。

在 Big Bank 的黄金委托交易里有一个用户故事：委托买入。

在一开始的设计中，委托买入的界面上除了基本的交易功能，还有一个自动显示和校验账户可用资金的功能，还有一个交易成功的短信通知功能。产品经理经过分析之后的结论是，先将最基本的交易功能推出，让用户先用起来，以尽快开始争夺想做黄金交易的客户，再增加那些增强型特性，因此这个用户故事被分解为：

- 基本委托买入（当前发布计划）。

- 委托买入账户可用资金自动显示和校验（进入 Backlog，暂时列入下一个版本的计划）。

- 委托买入交易成功短信通知（进入 Backlog，暂时列入下一个版本的计划）。

Mark Denne 和 Jane Cleland-Huang 提出了增量投入方法（IFM）[1]，这个方法试图将系统分解成基于客户价值的单元——最小可销售特性 Minimum Marketable Features (MMF)，一个 MMF 是一个能够快速交付给客户并提供一定市场价值的相对独立的特性。

当然外部可见的 MMF 并不能代表开发一个系统的全部工作，文章里也提到了，对于不同的产品，还会有不同比例的工作量需要投入在架构相关的环节上，在增量投入方法（IFM）里用架构元素（AE - Architectural Element）来代表与架构相关的工作。

从前面的例子可以看到，识别最小可营销特性（MMF - Minimum Marketable Feature），依据价值排序来小批量高频率地交付是提高一个组织交付价值的有效途径，不过这点其实并不容易做到。在划分和描述特性的时候，开发背景出身的人经常会游弋在客户角度和开发角度之间，迷失在对价值的把握当中。在识别 MMF 过程中，我们还经常见到由于经验欠缺带来的一些问题，如下所述。

- 划分的 MMF 太小，太细节，导致

  ◆ 根本没法跟客户说，因为客户并不关心这样的细节或是认为在这样的粒度上价值有限。

  ◆ 任务和任务之间依赖关系的数量和复杂度大幅增加。

- MMF 是根据所需技能领域，从实现角度划分，目的是方便在开发人员之间分配任务，因此不能够直接向客户展示价值。

---

[1] Denne & Cleland-Huang

- 过早地分解出那些不会在近期发布的 MMF，由于可能随时从 back-log 里被拿掉，这个分析的工作就被浪费了。

- 用技术语言描述实现的方式，而没有使用业务或是用户语言描述用户的使用，以至于很多业务人员搞不懂。

- 当然，还有一个常见的问题是 MMF 不够小，仍然可以分解成交付不同价值的子特性，可以分别独立交付。

6.2　反馈提升价值

对于即将或是正在开发的软件而言，减少无用特性的关键是快速收集反馈。在传统的开发模式下，即使是在强调反馈的螺旋模型里，反馈是以版本为单位大批量的方式进行的，也就是说用户预期的项目目标和范围早早就已经基本定好了。在开发过程中，对界面原型、软件原型的反馈，只是对特性的用户体验是否符合用户的期望来进行反馈，除非出现大规模变更需求，或是进度跟预期差异过大，很少会重新审视特性的价值，调整目标和范围。图 6-3 所示为瀑布模式下的用户反馈模型。

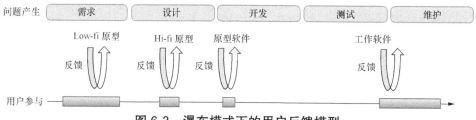

图 6-3　瀑布模式下的用户反馈模型

精益开发强调的是快速、小单元的反馈，根据反馈的结果，及时对计划进行调整，一旦发现价值不佳的特性就尽快从发布计划中剔除，并用价值更高的特性替换，这就是可适应计划（Adaptive Planning）。如图 6-4 所示，如果按精益里单件流的模式，反馈的层面是建立在每个能够独立交付价值的工作单元，也就是每一个端到端特性的层面上，每个特性都应该无需任何等待，就被构建入可工作的软件，并得到一系列质量保障活动的反馈，甚至用户或用户代表的反馈。

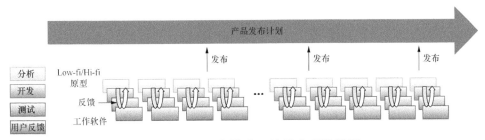

图 6-4 迭代开发模式下的用户反馈模型

反馈的有效性则通常取决于反馈提供者是否是真正的产品使用者或决策者，还有反馈收集者的水平。这也是为什么，一方面我们强调跟最终客户 / 用户的直接、最好是面对面的协作；另一方面格外重视 PO 或是 BA（业务分析师）的分析和沟通的技巧，确保能有效地帮助用户发现他们真正的需求，因为很多用户未必能够在没有一个工作软件的情况下，想清楚并有条理地阐述自己的真实需求。

6.3 减少没发挥价值的特性

软件开发中，最大的浪费，也可能是最常见的浪费，其实是开发没用或是很少被使用的产品和特性。一个大型电信类产品开发组织曾经统计过，在他们一年多时间的开发特性里，一开始被识别为重要的特性里，有超过 20% 的没有被最终使用，其中超过 60% 的特性没有被使用的原因是在交付前出现了重大变更，或是由于分析不足导致不符合客户需要。行业调查也证明了这一点，Standish Group 的报告显示，软件业有 45% 的已开发特性没有被客户使用。Standish Group 的特性和功能利用率统计如图 6-5 所示。

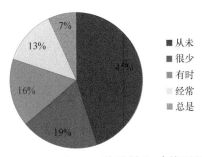

图 6-5 Standish Group 的特性和功能利用率统计

没被使用的特性不仅本身是浪费，还会增加系统的复杂度。我们都知道随着系统的规模不断扩大，系统内的分支数量、模块间接口和接口间交互关系的数量、定位和解决问题所需要关注的范围，以及相关文档的数量都会随之增长。因此，不管是新增有用特性还是无用特性，试图控制该系统的难度和工作量都会随之增加，而这种增加的速度是非线性的，更糟糕的情况是：由此导致的团队规模和团队数量的增加，协作的复杂度会使工作量更上一个台阶。日渐庞大的代码库将迅速降低有用特性的开发速度，提升产品的维护成本，甚至造成质量保障活动的成本激增，影响最终产品的质量。

没有被用到的特性是如何发生的呢？业务分析人员或是客户代表，他们负责跟开发团队合作，识别和梳理用户的需求。在很多情况下，他们自己并不是最终用户，他们也很忙，除了为一个团队分析业务的责任外，经常还有不少其他的工作。由于各种客观（太忙）或是主观（不是个人最高优先级的事情）的因素，他们可能没有花足够的时间来研究客户真正需要的是什么。另外，发掘和获取客户的真实需要不仅需要时间，经常还需要一些专门的知识和分析技能。作为一种完全可以理解的降低风险和自我保护的手段，他们有足够的动机，为了避免遗漏，尽可能全面地将客户可能需要的东西加入到特性列表和描述。

另一个重要的因素是客户试图取得安全感的心态。客户经常会觉得如果当下不把需求说全了，以后可能就没机会了，所以把只要想象得出来的东西都先放到桌面上来，塞进项目范围。这种状况在一些甲乙双方签订合同的时候经常出现。我曾经见到有一个电信运营商在进行网管软件招标的时候，把业界各种资料上出现的各种特性，不管三七二十一，全部加入了招标文件。各个厂商为了在招标时候能在特性完备性上多得些分数，要求开发部门先把各种特性都要先开发一点儿，确保能至少在招标文件上多打几个勾。

尽可能地在项目开始的时候添加内容还可能是客户方谈判的一个技巧。客户预期到开发方很可能会讨价还价，削减范围，这样多加一些特性在计划里，以备日后协商时候，权作缓冲。当甲乙双方以契约谈判作为合作的基调时，博弈战术带来的浪费，其实从长期来讲对甲乙双方都会带来相当的代价。

很多组织有一种把事情一次搞定的心态，除了图省事儿外，另一个主要的原因是大多数组织的预算和规划制度。

- 很多组织使用年度预算的方式。在一年开始的时候把要做的事情都计划好，倾向就是不管计划的内容是否有用，遵循并达成计划才算重要的，通常这也是组织内部评价绩效的重要依据。而且如果预算没有用完，明年可能就要削减这方面的预算，这就使得人们更是把尽可能多的东西放进计划。

- 预算和调整预算申请的繁琐过程和结果的不确定，也导致项目的负责人倾向于尽可能一次把所有想到的事情放在一个预算里，并避免变动。

- 很多公司把固定预算、固定目标的方式作为项目规划和招投标的政策，基本排除了在项目过程中根据最新掌握的知识和信息调整优先级的可能性。

6.4　交付价值的度量

提升效率的目的是提高组织创造价值的能力，如果我们能把产生价值的速度作为度量的指标那有多理想啊！价值的度量分为两个部分——发布前、发布后。如图 6-6 所示，发布后实现的价值数据是对发布前价值评估的反馈，是为以后的计划、决策提供的重要依据。

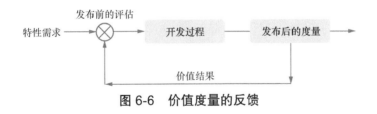

图 6-6　价值度量的反馈

6.4.1　发布前——评估待开发特性的价值

为了确保将高价值特性优先计划进当前的版本，我们需要能够评估特性的价值。价值的量化手段是通过估算在产品各个阶段的投入以及产出，以贴现现金流 DCF（Discounted Cash Flow）的方式来计算产品生命周期或是路线图中产生的净现值 NPV（Net Present Value）。本书不讨论 DCF 和 NPV 的计算方式，有兴趣的读者可以很容易地在互联网上搜索到相应的信息。这里的投入不仅有软硬件的开发购置的费用，还包括运营成本的计算；而对产生价值的计算则是来自市场对产品的反应，包含有形的和无形的收益，有形收益可能是预期的市场收入，成本节约，无形收益则包含差异化竞争优势、品牌、用户忠诚度，等等。虽然增量投入方法（IFM）提出了一个明确的框架，但是实际操作起来还是面临很多的挑战，如下所述。

（1）并不是所有的软件产品都会产生资金上的收入，验证性和预研性项目，还有开源项目都是如此。

（2）即使产品会产生收入，这些产品或特性的价值并不是开发组织自己说了算，而是由市场决定，市场的反馈一般非常滞后。

（3）市场对产品定价，或是说产品或特性在市场上能创造的价值取决于多方面不确定的因素。从外部来讲，外部经济和竞争环境的变化会影响产品的收益；从内部来讲，公司市场策略，比如低价抢占市场，或高价树立高端形象，也都会显著地影响到收入的数额。因此产品本身只是其中一个环节，其他环节并不在开发组织的影响范围之内，把直接收入数字作为指标，很容易误导开发组织。

那么我们是否应该放弃用价值度量呢？当然不是。回到度量的目的，准确地度量价值的绝对值并不是我们度量的目的，我们是为了引导开发组织更快、更早地交付价值而度量。

价值交付速率包含两个因素：团队的产能和单位产量所产生的价值。产能取决于开发组织的生产效率，我们将在后面几章讨论；而单位产量所产生的价值，取决于从交付管道里先流出来的是否是高价值的特性。价值交付速率是一个衍生指标，不是从开发活动中直接采集而来，但这个指标会像前面举的一个例子一样，帮助我们避免试图通过堆砌低价值的子特性来提高工作产出的行为，从而引导团队努力识别和拆分可交付的高价值特性。从这个目的出发，我们可以尝试使用一个近似的模型。

这是一个定价模型。在每个阶段，可以是一年、半年或是季度，开发部门、支持部门和产品管理部门或是市场销售部门一起协商，对下个阶段要开发的产品、版本，特性和子特性进行定价。

（1）这个评估过程也应该包含非特性类的工作，比如像提升软件可靠性、可用性的改造活动。

（2）如果不同部门有不同的优先级，可以考虑先定一个固定数量的价值总额度，以及几个部门分配的额度，各方把自己拥有的价值额度分配给待开发的特性。

（3）当为每个特性分配价值之后，通过统计交付的特性的价值，就可以计算出团队或部门的交付价值。这里可能跟踪的指标包括：版本交付价值、迭代交付价值。

6.4.2　发布后——验证价值

Eric Ries 在他的《Lean Startup》一书中提到[1]，一个公司在使用看板来管理用户故事的时候，使用了 4 个状态：Backlog，In Progress，Built，Validated。这其中，Validated 指的是在交付完成（Built）后，已经验证这是一个有价值的特性。这里把我们前面提到的 DoD（完成定义）推进到了用户验证价值这个环节，这个状态把所有没有经过验证有价值的特性都视为半成品，有效地将团队的注意力从狭隘的生产力上转移到价值的交付上，转移到做正确的事情上来。

专业化分工经常会导致每个功能团队只关注自己环节的效率。如果把整个价值流看成一个拉动的系统，每个环节之间的**价值转化率**，也就是每个工作环节的工作有多少是为下面的环节产生了价值，或者说前一个环节当中产生价值的工作量和被浪费的工作量之间的比率，是系统有效性的一个度量指标。在一些传统组织当中，我们常会看到很多分析完了或是设计完了，却没实现的需求，很多人的关注点就终止在实现完成，却少有关心交付出来的特性是否被验证为有价值的。我们曾经看到一个移动运营商的系统里支持了 5000 多个套餐，而其中有 4000 个其实都没有在被使用，只是徒然增加了系统的复杂度。

---

[1]　http://www.openwebanalytics.com/。

我们需要在发布后度量特性在生产环境中产生的价值。

- 这些价值可能是以收入、用户增加、用户粘性提升等方式体现。直接销售许可证的软件包和订阅（subscription）方式的服务都可能以这种方式度量新产品新特性的价值。

- 这些价值也可以表现为无形资产的提升，例如品牌声誉、技术竞争力。

- 我们有很多软件开发活动并不直接针对外部的客户和消费者，比如企业内部系统。这里效率提升带来的财务上的节约也是价值的一个重要方面，不过在特性层面的微观角度，直接使用的用户数量、使用频率等用户行为仍然是支撑特性价值的直接证据。

通过分析产品和特性的价值，我们能够识别产品在可用性、技术、信息架构、营销等方面潜在的问题；学习用户行为，寻求在现有产品上提升价值的机会，发现潜在的高附加值产品和特性；产生有根据的行动，利用及时、真实的反馈，调整对产品和特性价值的判断，从而进一步调整未来策略和计划，达到优化 ROI 的目标。

在评测特性的使用率和用户在使用行为这方面，互联网企业由于其行业性质——市场响应速度的压力巨大，走在了前面。其产品本身的性质——软件部署在互联网企业的控制范围里（数据中心），用户直接使用产品，使得用户行为数据的收集相对简单，海量的用户规模也使得获取充足的采样比较容易。Google Analytics 是一个简便易用，而又相当强大的免费分析工具；收费的商业解决方案，像 Adobe 的 Omniture，则通过提供各种灵活的变量，例如定制事件，提供强大的定制能力。这些分析的模式对于大多数基于 Web 的企业软件来说，也是同样可以运用。

那么为什么企业 IT 需要越来越重视产品价值的分析呢？这主要是时代的变化，使得企业 IT 对产品和服务的态度和思维方式也需要因时而变。过去，大多数企业系统都是针对内部用户，以强制使用的手段，确保企业目标的实现；而现在，内部用户的满意度越来越成为 IT 组织成功的度量指标，更重要的是，由于数字渠道在各个行业的广泛运用，企业 IT 组织的服务开始直面最终用户的挑战。过去，传统企业级系统的交付周期较长（数月），采用大批量（主版本）的发布和反馈机制；而现在，企业应用也愈来愈像互联网产品和服务那样，追求实时、小粒度（特性）的验证、反馈和演进。

如果说由于安全的原因，不想把软件的使用行为告诉 Google（用户数据是通过 Google 的服务来收集和存放的），可以通过自己部署收费或开源的系统，在企业内网上收集软件和软件特性的使用情况。开源软件 Piwik[1] 或 Open Web Analytics[2] 就是不错选择。开源的一个好处就是可以根据自己的需要和待分析软件产品的特点，量身定做信息的收集和报表呈现方式。

如果不是基于浏览器的软件产品，比方说系统软件，我们仍然可以使用一些传统的方法，在 log 日志里标识出用户的行为，然后用脚本加以分析，也能分析评估用户或关联系统，对特性的使用、调用行为。

不管使用的是什么工具，评估的是什么类型的软件，我们关注的都是以下内容。

- 用户特征

  - 谁使用了产品？

  - 这些人来自哪里？

  - 这些人背景、身份有什么模式？

- 用户行为

  - 他们在使用产品时用了哪些特性？

  - 到底都做了什么？是为了达成什么目的？

  - 他们使用的频率、时间分布有什么规律？

  - 他们的使用行为在不同特性、产品之间，展现出了什么相关性？

- 使用质量

  - 他们是否完成了你预期的使用目标？

  - 用了多少步骤？用了多少时间？

---

[1]   http://piwik.org/。

[2]   http://www.openwebanalytics.com/。

◆ 轻松还是困难？在哪一步放弃的概率比较高？

◆ 困难的原因是什么？

以往这些工具和方法在互联网领域使用较广是由前面提到的行业特点所决定的。在企业软件领域，由于 IT 部门传统上是成本中心，因此很少投入精力研究产品的使用效率，但随着软件在很多行业逐渐成为企业的运营主干，在不少情况下，甚至成为了盈利或新业务模式的主要载体和竞争优势的主要来源，软件特性的使用效率和价值分析就逐渐被提上了议事日程。曾经有个客户是一家全球的审计专业公司，这家公司为他们在各国的客户提供了一个强大的报税工具。由于其业务领域的特点，功能极为繁复，而且由于用户规模较大、分布广泛，仅凭借几个业务专家，很难判断某个特性对于大量来自各种不同地域和背景的客户的价值。于是借助了 Google Analytics，开发团队和业务专家一起分析用户的行为，为后续新特性开发和老特性修改的计划活动提供客观、量化的数据和证据，以得到更好的投资回报。图 6-7 呈现的是来自全球的用户在使用某个在线产品过程中的部分行为模式，这张图主要关注的是前三次交互的行为，包括界面之间的流转和在特定页面的离开状况。

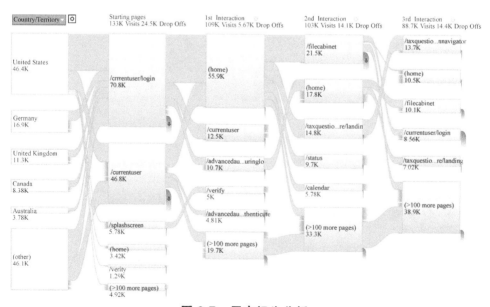

图 6-7 用户行为分析

6.4.3 尝试的价值

当我们尝试提高**价值转换率**的时候，另一个需要考虑的因素是尝试所产生的价值。一味地确保每个开发的特性都要被用上，都要产生价值，可能带来的一个副作用是打击了尝试和创新的积极性。

软件的应用场景千变万化，很多情况下，人们在需求的发现和分析阶段是没有足够的信息来把握住什么是用户真正想要的。在创新型的产品开发上更是如此。当产品需要覆盖各种各样的用户，而用户使用产品的时间、场合、目的也各有不同，那么仅仅凭产品经理的经验和直觉，在用户使用之前，很难准确判断特性本身的价值，及其最佳的实现方式。在这种情况下，以尽可能低的成本多做实验，尽快验证想法，比较想法之间的优劣，是寻找正确的事情、提升交付价值的重要部分。在互联网公司里常用的一个手段叫 AB 测试，通过把对同一特性的不同实现暴露给两组类似的客户，观察这两组客户的使用习惯的差异，从中选择更佳的实现，也可以利用观察中发现的模式，进一步改进特性的实现，以期望获得更大的价值。价值可以体现在降低用户使用难度、增加用户逗留时间、提高转化率或用户的购买率等各个方面。

Eric Ries 在他的书中描述了一个概念 —— 被验证的学习（Validated Learning）。他认为，在不确定的环境里，我们需要持续地验证和改进我们的产品和想法，从每一步的失败或成功所带来的反馈当中学习。这里的学习可以是对客户行为的学习，对市场的学习，当然也可以是对一个新的技术在某个特定场景下应用潜力的学习。基于这样的学习，在后续的活动中取得更好的效果，而且这种改进的效果应该是可以被度量的。

从度量的角度来讲，如何以最低的成本尝试更多的思路，获得更多的学习呢？传统软件开发模型，不管是瀑布、IPD，还是经典的 Scrum/XP，在像互联网和移动互联网领域这样的创新领域，都显得有些沉重。在这些快速创新领域里，每家公司都有自己的战略布局。这样的布局大到生态系统的打造，小到一个产品的方向。产品和服务的布局在一段时间内一般是相对稳定的，但在微观层面上，一个新开发特性的生命周期十有八九不超过 2～3 个月，一旦发现市场反应未能达到预期，很快就被废弃了，也就是说，某种程度上讲，这个领域的创新跟爱迪生用上千次的实验寻找合适的灯泡制作方法和材料一样，是一个试错的过程。在创新产生价值之前，要面临各种外界约束和用户不可预期的行为，这些约束和行为是产品经理们坐在办公室里所无法想象的，只有少数产品和特性能够克服这些约束，真正吸引用户使用，甚至启动用户自己都还尚未发现的需求，成为市场上真正的赢家。

尽可能快地淘汰不靠谱的想法是降低尝试成本的基础，而所谓尝试，其实也是一种反馈，那么反馈的点通常发生在产品开发的什么地方呢？如果把反馈点分成 4 个阶段：

- 手绘的低保真原型
- 反映真实产品关键界面的高保真原型
- 可以运行的 MVP（最小可行产品）
- 实现覆盖目标用户群的关键特性，经济上可持续的产品

在高度动态的创新市场上，创新也变成了一个用户拉动的过程，只有客户表示愿意买单，想法才会得到投资，被拉向下一个反馈点。对于这个创新漏斗，漏斗本身的吞吐量和在每个反馈点的验证有效性是其效率的指标，见图 6-8。

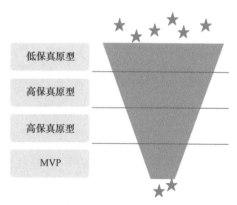

图 6-8 产品开发的反馈漏斗

第 7 章

响应速度

"兵之情主速，乘人之不及"。

——《孙子兵法》【九地篇第十一】

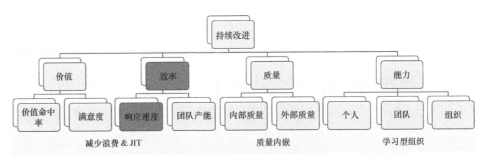

图 7-1　指标体系框架 [1]

Merriam Webster 字典对交付周期（Lead Time）的定义是"一个流程或项目启动到其结果显现所需的时间"。例如从下订单到生产商交付一辆新车的周期大概是 2 周到 6 个月左右。关注交付周期的缩短是精益理念的一个重要组成部分。

如果我们希望提高特性的周转速度，提升一个开发组织的市场响应速度，应该关注版本、特性、用户故事和缺陷这几个不同层面交付单元的周期数据，发现其中的改进点。

- 版本发布：从项目立项到发布的时间，是端到端的发布周期，其结果通常是产能和响应速度的一个权衡。

- 特性发布：在特性层面上，从需求定义到集成测试、验收测试、回归测试完成的周期，基本上代表了一个开发组织响应市场需求的最

---

[1]　本章内容在指标体系框架中的位置，如图7-1所示。

快速度。

- 用户故事平均周期：从用户故事被纳入迭代计划，经过分析、开发、测试等环节，到被验收的时间，这是一个最小的端到端工作单元在一个团队中流转的时间。

- 缺陷生命周期：缺陷的平均生命周期代表团队对测试、运维的响应速度。缺陷定位和修复周期通常也意味着代码的可维护性，还有自动化测试保护网的完善性。

我们有时会听到这样的观点，"我们行业的客户不要快，6 个月一次的交付已经是他们愿意承受的极限了"，又或是"我们是做企业软件，客户不想总是升级"，还有"我们的客户在招标的时候，他们的功能列表里包含了你能想象出来的所有特性，我们得想办法把所有的条目都打上勾才行"。这些需求似乎都在说，我们应该尽可能快地堆砌功能，单个特性的价值高低或是交付的早晚，其实并没有什么意义。

不过，客户之所以有这样的要求，其实很多情况是其面临某些约束而不得已的做法，并非真正的要求。下面是两个比较常见的约束。

- 一个是升级的成本和复杂度。如果这种类型的系统升级非常麻烦，成本很高，那么当然客户就不愿意使用新版本。这种现象更多是发生在硬件相关的软件开发领域，而现今在互联网和商用软件领域，一些随持续交付和 DevOps 兴起的部署和运营手段已经能很大程度上解决这个问题。

- 还有一个是质量风险。一般在生产环境运行了一段时间的版本都是相对稳定可用的，即使有问题基本也是已知和可控的。如果历史经验说明，新版本总是有较高的质量风险，需要经过一段时间，打上不少补丁才能稳定，而新特性的收益又非常有限，那么在积累的新特性产生的潜在受益远远大于潜在的风险之前，是没人愿意去升级现有产品的。

如果软件开发组织能够突破这两个约束，就可能开启一个全新的市场，将竞争对手远远抛在后面。就好像 iPod 在 MP3 市场上做到的，iPhone 在智能手机市场上做到的，iPhone 上市之前已经有不少智能手机，但大多数人都觉得手机搭载上那些笨拙而又不太实用的软件，意义不大，然而 iPhone 显然突破了在小屏幕上可用性和实用性的约束，释放出了一个新的巨大市场。

上面的两个约束跟产品形态和部署方式密切相关，业界有不少实践者在尝试各种解决方案，这些技术手段超出了本书的范围，我们现在关注的是管理手段所能够触及的优化空间。任何在软件行当里混过几年的人都知道，通过缩短交付周期来提高市场响应速度并不是一件容易的事情。要完成一个最小的交付单位，可能是一个最基本的端到端的特性，也可能是一个需要紧急修复的缺陷，要真地使其能够为用户产生价值，总有一些障碍是绕不过去的。

- 对于单个特性而言，需求的发现、收集和分析，以及软件的设计、开发和验证只能顺序进行，而对一个缺陷修复而言，也至少要有定位、分析、解决和测试验证几个环节，这意味着即使投入无限的资源，交付周期也不可能无限制地缩短。

- 另一方面的约束是，有些系统规模较大、复杂度较高、安全级别也较高，这些因素造成了高昂的质量验证成本，针对每个最小交付单位都进行完整的分析、设计和回归测试，可能会涉及很多重复工作，造成浪费。

- 此外，有不少软件产品都是运行在特定硬件之上的，软件的交付周期可能会受限于硬件或是其他第三方依赖的开发和生产周期。

既满足市场响应的需要，又要获得足够的效率，并能跟周边依赖匹配，那么最好的平衡点在什么位置上呢？不同的开发组织、不同的产品面的挑战不同，最佳的尺度也会有所不同，这对管理者权衡目标的能力算是一个不小的考验。

精益强调的是在系统层面的优化，认为局部优化经常是以损害全局为代价的。不少开发人员的关注范围就到代码结束或是测试结束为止了，其实极力缩短编码阶段未必带来端到端交付周期的缩短。当我们考虑优化软件开发的"流"时，应该从产品的想法、概念的浮现开始，从跟客户一起发现了新的需求开始，端到端，一直到产品交付到用户手中，开始被使用，创造价值为止。如果把软件交付的过程作为一动态的系统来考虑，那么在系统层面上，影响每个工作单元通过这个系统所需时间的因素有哪些呢？

7.1　响应时间的系统因素

7.1.1　WIP（Work In Progress - 半成品）

一个主要的精益流（lean flow）原则是利特尔法则（Little's law），利特尔法则由麻省理工大学斯隆商学院（MIT Sloan School of Management）教授 John Little，于 1961 年所提出与证明的。利特尔法则指出，缩短交付周期有两种方式：降低半成品数量，提高团队产能。我们将在第 9 章中讨论产能相关问题，这里我们主要关注对在制品，也就是半成品（WIP）的控制。

> 利特尔法则：
>
> 生产周期 = 半成品 / 产能（cycle time = work in progress/ throughput）

对于某个单独的特性而言，如果待在库存里，其实也就是在等待着被处理，因此库存跟等待、瓶颈其实息息相关。对于一定规模的生产组织，其产能是有限度的，各个工作环节上、环节间的库存大小，会直接影响到我们能在多大程度上实现频繁交付，缩短交付周期的目标。

7.1.2　系统资源利用率

不少管理人员都认为，如果把所有人力、所有的时间都充分利用起来，组织就一定运转得更快更高效一些。这种方式可能短期内在局部范围能够奏效，但对于一个相对复杂的系统，研究表明，资源利用率越高，工作单元在队列中的等待机会和时间就会越长，交付周期就成指数级增长。一个系统的资源利用率跟系统中的队列长度的关系如图 7-2 所示。

这里资源利用率指的是相关资源或人员在生产或生产相关活动的时间的比例，这意味着试图提高人员和设备的利用率，其实很有可能会导致交付周期的延后。我们日常观察到一个现象就是拥挤道路上的交通，不管是所谓的什么高速还是高架，当车辆开始充斥道路的每一寸表面的时候，这场景可能会更多像是停车场，而不是快速路。其实我们在大型的软件开发组织中确实也观察到了类似的情况，当团队开始超负荷工作的时候，一些因素开始对工作单元通过交付管道的速度，产生显著的负面影响。

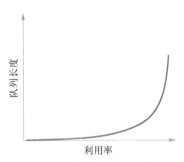

图 7-2　队列长度跟资源利用率之间的关系

- 很多人要同时应付多个任务，任务间上下文的切换会占用相当的额外时间。

- 关键资源，特别是具备掌握特定技能和领域知识的人，还有特定的设备，经常积压着长长的工作队列，成为瓶颈。

软件开发毕竟不是跟生产线一样，可以把每个工作环节的时间和工序都标准化。开发过程中的要素也不是像机器的零件一样可以被轻松替换，不同的工作单元在同一个环节上所需的时间可能都是不同的，需要的技能也可能有很大差异，对外部其他环节的依赖也可能不同，诸如需要集成的第三方组件、测试环境，这些不确定的因素就为阻塞的出现创造了很多机会。

7.1.3　需求的差异性

需求的差异性主要体现在两个方面。首先是工作单元的大小。当工作单元的大小差异很大，工作量不一致的时候，如果一个工作环节需要处理一个较大的需求，比如开发人员正在完成一个复杂特性的编码，下一个工作环节，比如功能测试环节，已经处理完了上一个较小特性的测试，这时就不得不进入等待状态。要解决这个问题就要在系统中增加缓冲，也就是在每个工作环节中增加队列，如图 7-3 所示，以确保较高的人力或设备资源的利用率。

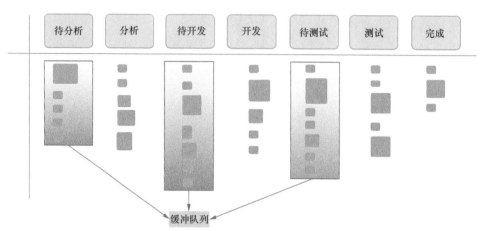

图 7-3 工作单元大小的差异导致的队列缓冲增加

我们在下面的另一个示意图 7-4 里可以清楚地看出，当每个工作单元的大小比较均衡，完成时间可以预期，我们在缓冲队列里保留较少的工作单元就能够维持系统顺畅地运作。这意味着工作单元在队列里等待的机会和时间会大幅降低。

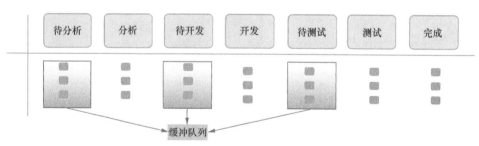

图 7-4 工作单元大小均衡降低系统所需队列缓冲

另一个差异性则体现在需求到来的时间。开发需求通常都不会是以一种均匀的速率进入到团队的队列，我们似乎经常会遇到这样的感慨："什么事儿都赶到一起来了"。工作单元到来的波峰和波谷也会引起整个系统的阻塞和等待。要在需求波峰的时候达成一定的响应速度，就意味着需要使系统生产规模足够大，应对波峰出现时的要求，不至于产生过长的队列，也就是说在产能上，需要增加缓冲，这也就意味资源利用率的降低。

如图 7-5 所示，当重要的需求是以一个波浪的方式进入到我们的开发队列，我们要么将系统规模（容量）和产能维持在一个较低的水平，以提高资源的利用率，这就会降低对市场的响应速度，要么我们就提高系统规模（容量），使其能够应对波峰的冲击，这样我们就要确保冗余的产能和容量。实际的操作中，大多数开发组织都会维持一个相当的冗余产能。不过当然不会有人闲着，总有低优先级的需求能够将这些波谷填满，虽然可能不会有人承认这些需求其实不是那么重要。这个策略未必是一个理性的决定，因为大多数开发组织的管理者并不是出于提高系统的响应速度的目的而做出这样的规划，而是因为这是一个政治上低风险的策略，可以掩盖判断的失误、估算的误差，容纳开发过程的不确定性，比如计划外的返工、紧急需求、变更等。冗余产能是保障响应速度的必要措施，不过到底应该留多少，如何使用这些产能，应该是一个理性分析的结果。我们无法预知软件开发中的一切变数，不过充分及时地暴露这些意外的情况，并采取有效行动才是正道。如果为了面子，为了使我们看上去神机妙算，能够在剧烈变化的内部和外部环境中百分百达成计划，其实可能会造成很大的浪费。

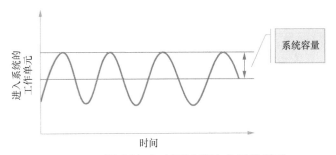

图 7-5　需求波动对规划系统容量的影响

另外，根据排队理论 queuing theory，较小的生产单元通过系统的速度较快。在一个不是那么稳定的系统里，比如拥挤或负载很重的系统里，就像我们的大多数开发团队那样，较大的没有拆分的工作单元推进的速度只会更慢。想象一下大卡车和摩托车在拥挤的街道上的对比吧。图 7-6 是根据 Sury 书[1] 中的描述修改而来。

---

[1]　Suri, 1998

如果分析、分解过大的工作单元，保持粒度比较一致，减小批处理的批量大小，保持相对稳定的需求流入，就能够有效提高系统的响应速度。在一个稳定系统内，我们应该通过减少半成品，减少和缩短在各个环节的队列，来缩短响应周期。而在一个动态、变化很快、变化幅度很大的系统里，我们应该通过减小需求的大小，来平滑系统的输入，提高系统处理的效率。

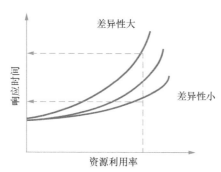

图 7-6 工作单元大小差异性对响应时间和资源利用率的影响

要评估在交付周期上是否能有优化的空间，有以下两个工具可以帮助我们观察系统中不同类型工作单元的行为。

- 对于版本层面，我们通常使用价值流图（VSM - Value Steam Mapping）来分析一个流程端到端的效率。

- 对于特性、故事、缺陷，我们关注的是开发执行过程中的状态，通过观察在软件开发生命周期中某个时间点的指标数据分析影响交付响应速度的因素，对此，累积流图（Cumulative Flow Diagram）是一个颇为有效的手段。

7.2 价值流图分析（VSM）

价值流图（VSM - Value Stream Mapping）作为分析和设计物流和信息流的技术，经常被运用在优化"流"的改进活动当中。虽然详细描述 VSM 的技巧已经超出了本文的范围，不过为了更好地理解下面这个例子，我们对使用 VSM 的过程稍做解释。VSM 的分析过程主要有下面几个步骤。

（1）识别目标产品或是共享流程的产品系列。

（2）定义流程的范围（什么是端到端？），使用标准的符号描述当前实际运行的价值流图：加工环节、等待队列、信息流……

（3）评估分析当前价值流图，尽可能"Go See"，到现场去观察并获取信息，识别出是哪些浪费在阻止系统形成理想的流动（Flow）状态，分辨潜在的改进点。

（4）绘制未来理想情况的价值流图。

（5）引入各方干系人，通过结构化的方法讨论并寻求接近理想价值流的解决方案，从而制定行动计划。

（6）定期召开干系人会议，通过评估初始的价值流图、最新的价值流，以及期望的价值流，讨论行动进展。

我们在 VSM 分析中常会关注下述几个可能对响应速度造成负面影响的方面：

- 某个团队或角色过度负载带来的瓶颈；

- 沟通不畅带来的等待；

- 沟通中的误解导致的返工，比如需求文档不一致；

- 缺陷带来的返工；

- 多团队并行开发一个产品的时候，团队间依赖带来的阻塞的可能性；

- 技术债导致产品复杂度增加，以至于引入变更的代价（时间和风险）也随之增加。

下面我们用简化的价值流图（VSM）来分析两个软件行业的实际例子。图 7-7 是某电信供应商根据运营商的要求而交付的一个紧急特性，并不是一个主要版本的发布。这个版本里的变更就只有这一个需求。这次的特性交付周期是 85 天，而其中增加价值的时间，也就是有人在为这个版本工作的时间是 17.29 天，是交付周期的 20.34%。由于这是个重要客户的紧急需求，优先级相当高，我们可以认为，对于这个研发组织来说，这已经是一个相对比较紧凑的安排。

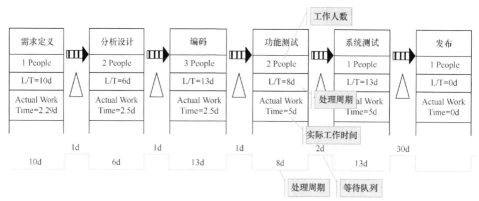

图 7-7　特性开发价值流图 例 -1

我们可以看到，除去各个环节之间的等待，在各个环节内部的等待分别是：

需求定义：77.10%；

分析设计：58.33%；

编码阶段：80.77%；

功能测试：37.50%；

系统测试：61.54%。

我们同时也注意到，产品停留在功能和系统测试环节总共 24 天，我们调查得出的原因是测试团队的负荷很大，因为有多个版本在并行地进行测试，测试人员需要在不同的项目间切换。

此外，功能和系统测试两个环节的实际工作时间共为 10 天，远远大于分析设计和编码的实际工作时间 5 天，这一方面是由于产品的本身相当复杂，因此回归测试耗时较长；另一方面是由于在测试过程中发现了一些问题导致返工，修复缺陷之后，又需要回归测试，而回归测试以手工为主。

另一个例子（见图 7-8）更简单一些，分析、设计、开发和测试时间为 23 天，如果第一次就准确交付，周期应是 44 天，而最后实际的交付周期为 92 天，原因是当时研发组织得到的是个一句话需求，分析人员根据自己经验和理解对需求进行了细化，可开发完毕，交到客户现场后，客户说这不是他们要的，结果又打回来，重新分析和开发。

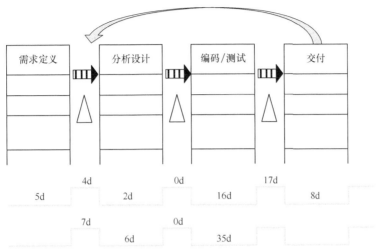

图 7-8　特性开发价值流图 例 -2

在这两个例子里面，从完成测试到真正交付都存在着一个较长的等待时间。第一个例子是 30 天，第二个例子中的第一次交付是 17 天。这段时间里虽然没有人在这个软件上工作，不过其他团队和部门却在写文档，处理各种审查流程，跟市场、客户的沟通和确认，还有商务相关的活动。其实这些活动大都是有可能跟需求定义、设计、开发、验证并行进行的。比如合规审查、安全审查被放在了最后交付之前的阶段，其实这些方面的情况在需求定义和设计的时候就应该可以做出比较清楚的判断，在测试的时候完全可以一并验证。但由于活动所属部门的不同，而被作为单独的环节放在了最后，延迟了交付时间。

另外我们可以看到，即使是大客户的紧急需求，在各个环节之间仍然有相当的等待时间。这其中的原因是具备相关能力的人时间不凑巧，在干其他事情。在分工日趋细化的今天，软件组织里被功能、架构，分割成了一个又一个小的单元。有些极端的情况下，我看到过在一个产品的组织里，每个人都只熟悉一块业务或代码，每块业务或代码只有 1 到 2 个人熟悉，在这样的产品开发里，瓶颈已经是一种常态，团队人员在极端忙碌和极端空闲之间切换。在大型的团队，在知识、技能壁垒较大的产品开发当中，过细的分工会导致沟通成本、计划不一致和突发事件的显著增加，不同个人、角色和团队之间的等待也会更加频繁。这也是为什么精益会提倡建设所谓的多功能团队，也就是具备独立端到端交付特性能力的团队。同一团队内的沟通效率远高于在团队之间的沟通，而团队内的相互学习可以大幅减少技能瓶颈产生的几率。

从这两个例子里，我们按图索骥，很容易追踪到影响市场响应速度的几个问题：团队或角色负载过大带来的瓶颈、需求理解错误带来的返工、工作环节间的等待、开发和验证之间的反馈时间长，还有重复的手工回归，等等。

7.3 累积流图（Cumulative Flow Diagram）

累积流图（Cumulative Flow Diagram）早期出现在排队理论里，用来呈现在一段时间范围内，处于不同工作环节或阶段的工作队列的大小。我们通常把软件开发的工作队列称为 backlog，队列中每个工作单元的生命周期一般会包含分析、开发、验证等不同的阶段和状态。开发团队通过记录工作单元状态变化的各个时间点，并基于这些信息绘制累计流量图。

表 7-1 所示的是 Big Bank 在线理财产品两个用户故事的生命周期数据，进入计划范围的故事实际上就算是进入了我们的开发队列，堆积在了"待分析"的库存列表里。通过采集"分析完成"、"开发完成"和"测试完成"这几个数据在一个时间点的快照，我们可以得到离开各个工作环节队列的工作单元的数量，绘制出类似图 7-9 的累积流图（Cumulative Flow Diagram）。

故事级别，Big Bank 的在线理财产品里用的是一个数据收集列表

表 7-1

特性 ID	特性	Story ID	Story	迭代	开始分析	结束分析	开始开发	结束开发	开始测试	结束测试	签收
F34	委托交易	S102	委托买入	2	2012/04/16	2012/04/17	2012/04/17	2012/04/20	2012/04/23	2012/04/24	2012/04/27
F35	委托交易	S103	委托卖出	2	2012/04/16	2012/04/17	2012/04/19	2012/04/24	2012/04/24	2012/04/26	2012/04/27

在图 7-9 中，一个颜色的水平长度代表了某个工作单元在一个处理环节停留的时间，一个颜色的纵向长度则代表了在该环境上正在被处理或等待的工作量大小。

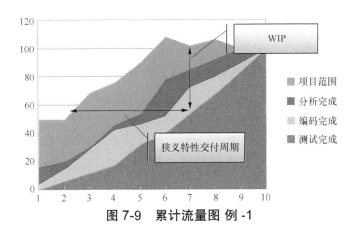

图 7-9　累计流量图 例 -1

对于项目开始之后加入的特性，交付周期是其进入队列，加入项目范围到测试完成的时间。在这个例子里，实际上在项目启动的时候，50个点的需求已经在队列里，不知道等待了多长时间。这些特性的交付周期其实应该从客户发现并提出需求开始计算。另外，我们在这个图上只是记录到测试结束的活动，就像前面价值流图的例子里看到的。实际上测试结束并不意味着新的特性就开始为用户发挥价值了，因为这个时间距离生产环节的部署、用户的使用可能还有相当长的一段时间。其实没有哪个特性在这个图里完成了完整的交付周期，我们简单地定义测试完成的周期为狭义交付周期。实际的交付周期数值要比图中显示可能要长得多。

假如我们能够做到真正的增量交付，比如在图 7-10 中，团队能够在第六个迭代开始就每隔两周将验证完成的特性上线部署，为客户发挥价值，并收集反馈，我们才能真正度量完整的特性交付周期。

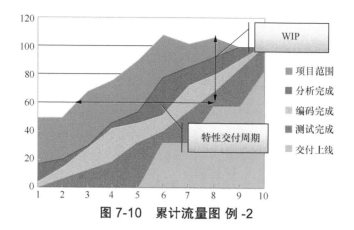

图 7-10　累计流量图 例 -2

我们对比另一个例子，图 7-11 是一个比较理想的瀑布开发示意，项目范围在开始之后就没有变化。从这个图中我们可以看到，对于瀑布模型，任何特性的交付周期都等于整个版本的交付周期，每个批次的规模很大程度上决定了其对市场的响应速度。

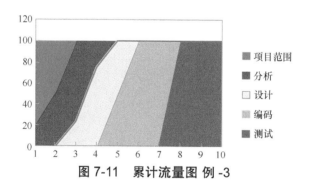

图 7-11　累计流量图 例 -3

7.4　库存类指标

半成品 WIP（Work In Progress）- 半成品的数量直接影响到交付周期和交付时间点的确定性。交付周期和交付时间点对于当前版本来说是个结果数据，处于半成品状态的工作量就成了预警交付周期和交付时间点的有效信号。在迭代交付模型中，半成品的增多意味着交付时间点的不确定性增强。

在图 7-9 绘制出的累积流图（Cumulative Flow Diagram）上，到迭代 4

的时候，测试完成的点数不到编码完成的一半，测试环节已经积累了大量未测试的特性。这些所谓编码完成的特性，集成在一起甚至是否能够正常运转都可能是个问题，因此隐藏在测试中的工作量和修复缺陷工作量中的不确定因素仍在日渐积累。事实上，那个团队也有些他们的客观原因，就是那些特性之间的相互关联和依赖关系。测试人员认为把那些相关特性开发完成再一起测试，效率会高一些。但到了这个阶段，整个团队都已经变得极为紧张，大量积累的半成品使得交付目标似乎变得越来越飘渺模糊。团队不得不立刻采取行动，不仅测试人员加紧测试，开发人员也投入到了测试活动当中。用了两个迭代，才把待测试的队列，缩小到一个还算相对合理的水平上，并发布了一个试用版本上线，团队这才松了口气。

在一个团队内，库存积累的主要原因是流程各环节当中存在的瓶颈，工作单元在某个待处理环节需要等待很长时间。在大规模产品开发当中，库存积累的原因更多是来自团队间、模块间存在的依赖或是技术能力的障碍，也可能是各功能组织之间存在的瓶颈所致，特性无法及时进入更接近发布的下一个环节。

除了特性级别的半成品，还有一些更小粒度的半成品，比如没有转化成代码的设计文档，未及时合入的代码。这些部分完成的工作，最终要么没有能够发挥价值，要么引发了更多工作量（文档更新、代码同步）。

还有一种典型的半成品是被阻塞的任务。由于被依赖的设备、环境等条件不具备而被阻塞的任务，由于被依赖的工作没有完成而被阻塞的任务，由于技术难题而被阻塞的任务，由于需要流程上的处理环节（需要批准，评审）而被阻塞的任务……在软件产品开发中，我们见到阻塞无所不在，大多数人只能叹口气了事，觉得不在自己控制范围之内，更悲哀的是那些能轻易解决这些阻塞的人可能甚至不知道这些阻塞的存在，比如很多设备和环境的问题，还有批准的问题，可能只需要某个领导的一句话而已，而很多被依赖的任务则掌握在那些并不知道自己阻塞了他人的人手里。

另外，当涉及多个团队，特别是分布在不同地方的团队，造成等待一个重要原因是各个团队不太注意考虑对其他团队的影响，没有能够从全局的角度把依赖关系纳入到本团队优先级安排当中，又或是个人、团队缺乏有效的手段了解自己的工作对其他人或团队的影响。因此，一个重要的度量措施是想办法把团队之间的依赖，以及团队的开发进度和产能可视化出来，从而能够实时了解和预测个人之间、团队之间是否即将或是已经出现阻塞。

对于大部分日常管理工作，其实只需要一个像前面"第 5 章度量对象模型"里那样的可视化看板，就可以非常容易地使团队发现在不同阶段产生的瓶颈。当我们希望分析更长时间周期的开发活动时，就需要记录工作单元在各个工作环节之间流动过程中状态发生变化的时间，通过统计和呈现库存指标来识别瓶颈和等待。大多数现代的软件开发生命周期管理工具都具有这样的能力。

7.5 小结

价值流图（VSM）和累计流量图（CFD）两种手段很容易就能帮助我们发现开发过程中的瓶颈、等待、返工、库存，以及一些对最终产品没有价值的活动对响应周期的影响。不过还有一些系统性的隐性因素，我们并不是那么容易就能观测到其对响应周期的影响，比如前面在排队理论（Queuing Theory）中举出的几种情况：过高的资源利用率、任务大小的差异性、任务到来时间和数量的波动等。我们需要通过对数据的分析，从全局的角度发掘问题的根本原因，才可能识别出这些系统性的问题，并寻求合适的解决办法。

在精益思想里，要想提高市场的响应速度和市场需求的命中率，首先是通过市场拉动需求，强调跟客户、市场营销和供应商紧密协作，确保团队总能方便地找到合适的人确认澄清需求。然后尽可能专注于已经明确市场价值、最重要的少量特性，及早交付，避免工作在不需要的特性上。总的来说就是要前端拉动（Pull），以单件流的方式，以期达到准时生产（JIT）的目标。

John Callahan 和 Brian Moretton 在对 44 个软件产品开发项目的一个研

究里验证了几个显著影响软件产品交付周期的因素 [1]，如下所述。

- 各个供应商在产品需求定义、系统设计和 beta 测试活动中紧密协作——第三方组件、平台、工具的供应商拥有的经验、技能和知识能为缩短开发周期带来显著的价值。

- 市场营销在开发过程早期的介入——技术、市场等不同功能的人员和团队协同，能够更早发现原本要到流程后期才能发现的问题，解决问题的成本更低，而且多功能团队协作能够减少等待时间。

- 更高的产品构建频率——高频率的构建能够为团队提供更快的反馈，如果构建的成功率较高，团队就可以对项目质量的可靠性，以及进度的稳定性有较强的信心。

有趣的是，这项研究还验证了，对计划阶段投入更多的时间并不能缩短开发的时间。这个研究所采样的对象用的都是偏向瀑布模型的开发项目，但得出的结论却恰好与精益的理念相合。

[1]　Callahan & Moretton, 1998

第 8 章
Chapter 8

工作量估算

仅仅通过对编码部分的估计，然后乘以任务其他部分的相对系数，是无法得出对整项工作的精确估计的。

——Frederick P. Brooks，《人月神话》

在考察开发组织的交付效率之前，我们需要先知道如何计算软件的规模和规模的度量单位。对软件规模的度量是软件经济学的基础，设计一个好的量化模型，有效地帮助计划和跟踪成本、工作量、进度是很多软件工程研究者们的梦想。但是到现在为止，这个领域里的实践可以说五花八门，这现象可能正说明了该领域的研究仍没有取得让人满意的结果。当前业界主要应用的有两类估算软件规模的方法：**基于算法模型的估算技术**和**基于专家判断的估算技术**。

8.1 基于算法模型的估算技术

基于算法模型的估算通常试图通过一个公式，把影响软件规模的因素，以参数化的形式纳入到计算范围之中。软件度量的一个里程碑式的作品是 Barry W. Boehm 在 1981 发表的 "Software Engineering Economics" [1]，其中描述了对后来影响极大的一款软件度量模型 "构造性成本模型"（Constructive Cost Model - COCOMO）。这可能是最为被人们广泛接受和使用的一种参数化的估算模型，几乎被后来所有的经典软件工程书籍所引用。这个模型不仅仅考虑了产品、硬件、人员、项目等方面成本驱动因子的影响，还把项目生命周期的各个阶段和不同的开发活动（分析 / 设计、编码、测试、管理）

---

[1]   Boehm B. W., 1984

因素也纳入了计算。

这种模型的产生是典型的分析性思维的产物，是通过量化手段，消除主观判断带来的差异和偏见，通过归类和简化数据产生的上下文，得到了相对通用、客观和标准化的数据产生过程，因此在提升软件开发可靠性的尝试上，应该算是一个重大的进展。不过，虽然该公式能在一定程度上提供过程上的一致性，但在确定成本驱动因子的评级和工作量系数的时候，仍然存在着很大不确定的空间，会导致估算结果的偏差。此外，由于缺少了太多的上下文，这类方法的估算结果在有效性上不免很难让人信服，说老实话，这种模型大多跟 CPI（消费者价格指数）的计算方式颇有些相似之处，结果给人的感觉也有些相似。而实际上，我也确实很少见到有公司会严格按照 COCOMO 模型来估算成本。

8.2　基于专家判断的估算技术

敏捷开发团队在评估故事的相对大小和复杂度的时候，常推荐的 Wideband Delphi 方法就是一种专家评估技术。其前身 Delphi 方法源于大名鼎鼎的智库兰德公司（Rand Corporation），发展自 1948 年，先是用于评估核袭击对美国可能造成的影响，后来被推广到各种技术评估和预测领域。说到在软件领域的应用，就不得不再次提到 Barry W. Boehm 的《Software Engineering Economics》，虽然 Barry Boehm 和 John A. Farquhar 在 20 世纪 70 年代就把 Delphi 方法用于软件规模估算，但还是这本书使得这种方法在更大范围内被业界逐渐接受。

Wideband Delphi 相对于原来的 Delphi 方法更加强调参与者之间的交流和沟通。它依赖专家的经验、直觉，以及专家间的相互磋商，因此有相当大的主观性，有时候会带来较大的偏差。而且由于估算过程和每个参与者使用的参考因素不一致，估算的结果常常不具备重复性。说白了就是，对同一个估算对象，比如一个软件特性，同一批人隔段时间估算两次都未必能得出同样结论，更别说如果是两批不同的人来估了。不可重复似乎在某种意义上也就意味着不可靠，不过，经验上证明这种方法在缺乏历史数据的情况下仍具有相当的准确性。很多实践者认为软件开发要面对的是动态、变化的环境，难以获取针对特定产品和项目的相关历史数据，此外即使有历史数据，数据产生的上下文随时间和场景发生剧烈的变化，导致数据的有效性大打折扣，而具备技能和经验的专家做出的估算会相对更加可靠。

8.3　度量单位

业界现在常用的工作量度量单位有三大类：人天 (Man Day)、代码行数（SLOC）和功能点（Function Point）。

人天是让使用者感觉比较方便的一个度量单位。从数据的评估者角度来说，可以根据自己大概需要花多少时间来推断出工作量的数值，而从数据的使用者角度来说，这个数值似乎可以直接计算转换成成本，很是方便。不过这个直观易用的好处其实也是双刃剑。如图 8-1 所示，人天这个数值其实包含了工作量和工作速率两部分信息。工作量部分是属于特性本身的客观信息，诸如功能场景、数据处理、数据移动等；而速率信息包括个人的技能水平、领域经验、团队成熟度，等等。通常在估算的时候，我们未必知道这些速率相关的信息，而且人们在估算速率的时候，还常常受到估算者的风险偏好、工作方式、预留缓冲等方面的影响。由此可以看出，人天的估算经常会因为引入了速率的因素而变得很不可靠。

图 8-1　人天估算中隐含的影响因素

代码行数（SLOC）是软件开发活动中自然的产物。由于度量的结果是实际的代码行数，在使用相同编程语言的项目和团队之间很容易进行横向对比，而且数据的收集和统计可以使用软件自动完成，不需要人工的干预。这样的客观性和便利性，很受管理者的喜爱，因而在大型软件开发组织中非常流行。

不过如果项目初期信息不全或是缺乏历史数据，使用 SLOC 估算就会相当困难。在实际操作中，大多数用 SLOC 做出的工作量估算基本都是由工程师根据经验大致推测得出，而工程师通常不会根据可能产出多少代码来估算工作量，因为他们知道这两者之间并不是线性关系，工程师经常是心里先估个人天，然后按一个大致的比例转换成代码行。

另外，SLOC 其实只是在宏观层面上对开发活动有一定的指示性作用，而在微观层面上，开发了多少行代码并不能很好地度量开发的进展和结果。一位在大型研发机构工作的朋友，有一次在一个大约 1 万行代码的子系统里增加了几个功能，做的时候觉得代码颇有优化的空间，就随手进行了一些重构工作，最后的结果是做完之后该子系统代码规模少了 1～2 千行，后来跟我开玩笑说，这下可完了，我这几个星期贡献的代码行数是负数，绩效恐怕也要变负了。

8.3.1　功能点（Function Point）

功能点度量的存在由来已久，可以追溯到 1979 年 Albrecht 的"Measuring application development productivity"，后来演进成 IFPUG 功能点分析法 (IFPUG Function Point Analysis，IFPUG FPA)。根据业界的研究结果，这种方法在商业应用软件开发领域（例如管理信息系统 - MIS）展现出不错的适用性，不过在实时软件、嵌入式软件开发领域，却面临较大的局限。

1998 年，为了克服各种衍生出来的功能点分析方法在不同软件开发场景中的局限性，COSMIC (Common Software Measurement International Consortium) 组织提出了 COSMIC-FFP 方法。COSMIC-FFP 方法主要有 3 个阶段：度量策略、映射阶段、度量阶段。下面是对这 3 个阶段做一个简化的描述[1]。

度量策略：设定度量的目标，识别待度量软件的范围，识别功能用户（可能是一个具体的人，也可能是跟待度量软件有交互的设备或其他软件），确认度量的粒度。

映射阶段：将用户功能需求映射到 COSMIC-FFP 软件模型中的概念。如图 8-2 所示，功能需求、功能过程和数据移动分别是功能细分的 3 个层面，是一对多的对应关系。

---

[1]　Common Software Measurement International Consortium (COSMIC), 2009, 页 14

图 8-2 COSMIC-FFP 功能细分映射

下面是映射的过程。

（1）分层——通过分层识别被度量软件的边界，定义度量的范围；在架构层面，识别和选择度量的粒度。就好像对于一个典型的 Java web 应用，我们既可能会把其分成表示层、业务逻辑层、持久层，也可能是把整个 J2EE 技术栈当成一层，对外提供 RESTful 服务，前端各类终端则作为另一层。

（2）识别功能过程——从功能性用户需求出发，把需求分解到软件的功能过程（Functional Process）。根据 COSMIC 的定义，一个功能过程是用户功能需求的一个基本组件，是目标软件边界外部的事件触发的一组独立、唯一、内聚、有一定顺序的数据移动。这组活动结束时，软件对那个外部事件的响应应该处于一个完成的状态。

（3）识别数据组——数据组包含一组唯一的数据属性集合，每个被识别的数据必须是唯一的和可区别的。一个数据组可以是永久存储的记录或文件，也可以是临时用于在不同粒度的边界上进行传输的消息。

度量阶段：将对于功能需求的 COSMIC-FFP 模型分解成数据移动，通过计算数据移动的个数计算软件的规模。

（1）识别数据移动——每个功能过程则又被分解成 4 种类型的数据移动子过程（输入、输出、读、写），通常至少包含一个输入（由触发事件引起）和一个输出或写（触发事件的结果）。

（2）计算所有功能过程的数据移动——每个数据移动是一个 CFSU（COSMIC Functional Size Unit），而待度量软件的大小就是用户功能需求包含的所有功能过程大小的集合。Size（功能过程）= Size（输入）+Size（输出）+Size（读）+Size（写）。

图 8-3 所示是修改自 COSMIC 度量手册（Measurement Manual v3.01）[1]。

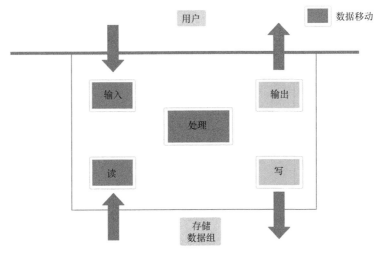

图 8-3 COSMIC-FFP 模型数据移动分析

分层的概念和对边界上数据移动的关注，使 COSMIC-FFP 的分析过程跟 UML 里的时序图分析非常相像。因此一个大致地统计数据移动的方式，就是计算时序图中系统或模块边界内的信息传递次数。这跟代码行度量一样，不需要太多的主观判断，甚至技术上讲可以用工具自动计算获得。

学术界和业界的现场试验提供的证据表明，COSMIC-FFP 一定程度上克服了过去的功能点估算方法所面临的局限性，使其从商用软件到嵌入式软件等多个领域，都具有比较广泛的适用性。不过，重数据移动、轻数据处理的特点，使其不太适合算法密集的软件。

实际操作中，如果在较大的系统粒度上使用 COSMIC-FFP 方法，在分析过程中忽略了数据移动和数据处理复杂度对工作量的影响，可能会使估算结果的准确大打折扣。然而如果在较小的粒度上使用，则已经涉及实现细节，必须先完成详细设计，也就是相当一部分软件开发活动已经完成。对于制定项目目标、计划资源这样的活动来说，这个时候的估算结果似乎已经意义不大。再说也不是所有的开发都有所谓的详细设计阶段，在很多

1   Common Software Measurement International Consortium (COSMIC), 2009, 页 45

使用迭代模型的项目里，详细设计都是发生在编码过程当中。

下面我们讨论几个在业界应用比较广泛的类功能点分析法。

8.3.2　用例点（User Case Point）

用例是当前使用相当广泛的需求分析和记录方法。很多用例分析的实践者在分析、估算和计划时，把关注点放在了代表了业务价值的基本单元的层面上，也就是 Alistair Cockburn[1] 描述的概要、用户目标和子功能三层用例结构里中间一层——用户目标层用例（user goal-level use case）。在这个层面上，用例跟敏捷开发中的用户故事的拆分方式和粒度非常相似，强调的都是端到端的用户价值和交互。

很多使用类瀑布模型团队，在项目初期的一个重要的工作便是把特性、子特性，以用例的方式描述出来。这个时候用例点分析法能够帮助团队细化预算过程中的估算，验证前期项目定义中的假设，识别项目的风险。用例描述的功能拆分如图 8-4 所示。

我们用 Gautam Banerjee 在他的文章 "Use Case Points – An Estimation Approach" 里描述的方式[2]，以 Big Bank 的在线黄金投资为例，介绍在用例点（User Case Point）的计算。用例点的计算分成以下 4 个步骤。

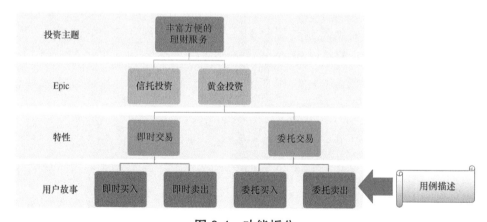

图 8-4　功能拆分

（1）根据系统用例的数量和复杂度计算 UseCase 权重。

---

[1]　Cockburn, 2000

[2]　Banerjee, 2001

在前面所举的 Big Bank 的例子中，黄金投资下面的即时交易和委托交易分别都是在特性层面。

用例名称：即时买入。

主要 actor：交易用户。

级别：Actor goal。

前置条件：

（1）用户已经登录系统；

（2）用户开通了黄金交易服务；

（3）用户进入了黄金交易页面。

成功条件：

用户黄金账户黄金数额以交易额度增加，用户资金账户存款扣除相应的交易额度。

主要成功场景：

（1）用户选择即时买入；

（2）系统显示当前交易价格；

（3）用户提交购买黄金数量；

（4）系统校验交易金额是否超过用户资金账户存款；

（5）系统从用户资金账户扣除交易金额；

（6）系统增加用户的黄金账户中持有额度。

延伸场景：

4a- 交易金额超过用户资金账户存款；

4a1- 系统提示用户交易额度超过资金账户额度；

根据用例里的步骤数量：主要场景里有 6 个步骤，延伸场景里的两个步骤只是主要场景里第四步的结果，没有什么额外的工作量，所以在估算的时候可以忽略。根据表 8-1 所示，6 个步骤代表了这是一个平均（4-7）复杂度的用例，所以用例权重为 10。

表 8-1

Use case 复杂度	步骤数量	权重
简单	<=3	5
平均	4-7	10
复杂	>=7	15

用同样的方法得到各个用例的权重，我们假设这个版本所有用例的权重加起来是 100，这个数字也叫 Unadjusted Use Case Weight (UUCW)。

（2）识别跟系统交互的外部 actor，根据 actor 的数量和复杂度计算得到 Actor 权重。

这个案例版本涉及的特性里，有 3 个 actor 跟系统交互，见表 8-2。

（1）交易用户：这是一个权重为 3 的复杂 actor2. 黄金交易网关：这是个平均类型的 actor，权重为 2。

（2）储蓄账户接口：这是个平均类型的 actor，权重为 2。

我们使用 Gautam Banerjee 给出的 actor 的权重列表，得到的 Unadjusted Actor Weight (UAW) 为 7：UAW = 3 + 2 +2 = 7。

表 8-2

Actor 类型	例子	权重
简单	通过 API 调用的另一个系统	1
平均	通过协议沟通的另一个系统 通过文本界面交互的人	2
复杂	通过图形界面交互的人	3

用例权重 (UUCW) 和 Actor 权重相加，得到未调整的用例点（Unadjusted Use Case Points - UUCP）：UUCP =UUCW +UAW = 100 + 7 = 107。

（3）对于没有以用例方式记录下来的非功能性需求，我们也需要纳入考虑，并计算得出技术复杂度因子。

用例点方法列出了13个影响技术复杂度的因素，并一一赋予了权重。对于一个特定的系统而言，软件跟每个因素的相关性决定了这一个因素对项目工作量的影响，相关性程度分为0（不相关）到5（非常重要）几个不同的等级。

一个大型在线金融交易系统在性能目标、安全性上会有比较高的要求，而对部署环境可控、系统的可移植性和硬件兼容性上就不是主要的考虑因素。相反，对于一个客户端的办公软件而言，可移植性和硬件兼容性则是应影响产品市场接受度的关键因素，需要在这个领域投入足够的工作量，以确保必要的水平。此外，对于生命周期长或是变更频繁的软件产品，易于扩展和修改才能使团队保持稳定的开发节奏；对于需要支持多种类型的硬件平台、为不同大型客户提供定制的电信产品线，则在代码复用上的要求就格外突出。

如表8-3所示，相关性一栏里是这个非功能因素跟软件产品的相关性，影响则是权重和相关性的综合效果：影响 = 权重 * 相关性。对于Big Bank这个在线理财的产品，大致评估了一下各个技术因素的相关性后，我们认为这个系统对性能有较高的要求（4分）；涉及服务器集群，因此也有少量并行处理的要求（3分）；由于未来会有更多的理财产品加入，因此易于扩展和修改是很重要的（5分）；而且由于涉及金钱交易，安全性也是非常重要的（5分）；用户必须在没有培训和使用手册的情况下使用系统，因此易用性有较高的要求（5分）。

表8-3

因子	描述	权重	样关性评估	影响
T1	分布式系统	2	3	6
T2	性能目标（吞吐量\响应时间）	2	4	8
T3	用户使用效率	1	3	3

续表

因子	描述	权重	样关性评估	影响
T4	处理复杂度	1	2	2
T5	代码可供后续项目复用	1	3	3
T6	易于安装调试	0.5	1	0.5
T7	易用性高	0.5	5	2.5
T8	可移植性	2	0	0
T9	易扩展和修改	1	5	5
T10	并行处理	1	3	3
T11	需要特别考虑系统的安全性	1	5	5
T12	被第三方软件访问	1	0	0
T13	需要对用户进行特别培训	1	0	0
合计				38

技术复杂度因子：TCF = 0.6 + (0.01* TFactor) = 0.6 + (0.01* 38) = 0.98

（4）考虑产品开发环境因素，如：人员、工具、技术栈等，计算出环境因子。跟技术复杂度因子类似，环境因素有 8 个相关因子。

Big Bank 这个在线理财产品（见表 8-4）的开发人员都是银行内部 IT 团队成员，因此对本组织的开发流程和实践还是比较熟悉的，不过由于本次开发要引入一些新的实践，在这方面的评估结果是中等（3 分）；使用成熟的开发技术，开发人员对技术栈还是比较熟悉（4 分）；编程语言是 java，在商用软件开发中，难度一般（2 分）；这次是个新产品，团队的热情还是很高的（5 分）……

表 8-4

因子	描述	权重	相关性评估	影响
E1	开发人员对开发流程的熟悉度	1.5	3	4.5
E2	开发人员对该类应用的开发经验	0.5	4	2
E3	开发人员对开发方法的习惯程度	1	4	4

续表

因子	描述	权重	相关性评估	影响
E4	项目经理的能力	0.5	4	2
E5	开发人员对该项目的热性度	1	5	5
E6	需求稳定性	2	1	2
E7	开发人员的来源及工作方式	-1	0	0
E8	程序设计语言的难度	-1	2	-2
合计				17.5

环境因子：$EF = 1.4 + (-0.03 * EFactor) = 1.4 + (-0.03 * 17.5) = 0.875$

（5）汇总起来。

Big Bank 的这个版本的用例点数是：

$UCP = UUCW * TCF * EF = 107 * 0.975 * 0.875 = 91.3$

（6）用例点跟成本和工作量的换算。

这个数值也是一个相对大小，要换算成具体的成本，例如人天，虽然有文章给出了一个点对应 20 ~ 28 小时的数值，但我还是推荐使用团队的经验数据或是历史数据来评估点数和人天之间的转换参数。

用例点估算小结：

研究表明，忽略第三步（技术复杂度因子）对估算的准确度影响不大，主要因为当把用例分析到了一定的程度时（这种程度通常是编写用例所需要的），表中所列的大多数技术因素已经被纳入到了需求分析结果所列出的功能当中，比如可用性、易于安装调试、第三方使用访问，等等；而第四步（环境因子）分析使得估算数据跟具体团队、个人相关，跟软件本身的规模并不相关，因此经过环境因素调整过的数据，作为历史数据的参考意义其实有限。

8.3.3　故事点（Story Point）

敏捷开发中，常用的软件规模度量单位——故事点（Story Point）其实可以算作功能点的变体。

- 首先，敏捷开发估算的对象是产品的特性列表（Backlog），特性是用业务的语言描述的，没有包含什么技术实现的细节。

- 估算的目标是获取特性之间的相对大小，是工作量和复杂度的一个综合产物，而跟具体实现所需的时间之间并没有关系。

- 推荐使用斐波那契数列（Fibonacci）来记录估算的结果（1, 2, 3, 5, 8, 13……），斐波那契数列的分布体现了一个经验性的估算模式，估算对象越大越复杂，估算中可能被遗漏的工作量和复杂度细节越多，估算的准确度越低，因此，更大的数字间距，反映了这种不确定性的增加。图 8-5 所示，一个团队将卡片按大小分类到不同的点数下面，直观地横向和纵向比较故事的大小。

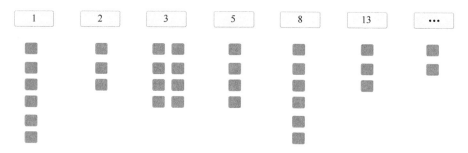

图 8-5　卡片工作量的归类和排序

- 团队估算，推荐使用前面提到的 Wideband Delphi 方式，集合团队的经验和能力。可以使用 Planning Poker（见图 8-6），在团队一起讨论一个特性之后，每个人把自己的估算写在一张卡片上（现在已经有制作精良的 Planning Poker 在售），同时出示自己的估算结果。这种方式鼓励大家展现自己的不同观点，避免被他人干扰，从而使整个估算的过程，更加是一个通过沟通发掘知识，达成共识的过程。

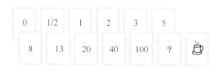

图 8-6　Planning Poker

还有一种可能更粗略的估算方法——T-shirt 估算，只是把用户故事先分成几大类——S、M、L、XL，然后再做计划，T-shirt 估算法的卡片分类和排序如图 8-7 所示。

图 8-7 T-shirt 估算法的卡片分类和排序

故事点是专家估算的典型案例。排列故事的相对大小，主要依赖有经验的开发人员，特别是即将负责实现的开发人员自己的判断。要将故事点变成计划，这之间有个转换的步骤，是根据对团队平均交付能力，通过一个转换系数将故事点转换成时间相关的数量，比如人天。跟直接的人天估算不同，这里刻意地把工作量和团队产能分成两个步骤来进行评估，以期望估算者能更准确把握其中不同因素的影响，得到更准确的结果。

对于缺少经验的估算者，故事点估算则给人的感觉好像是缺乏结构化的分析过程，完全靠拍脑袋的判断，看上去总让人有点缺乏信心。对于估算过几次的开发人员，他们经常会发现，故事点的相对估算法能够较快地得到一个精确度在可接受范围之内的估算。而整个估算的过程，实际上是一个共享并澄清需求和技术信息的过程，是个很好的学习和减少误解的过程。

8.4　估算的选择和运用

有这么多或简单或复杂的方法，各有各的优势和问题，到底应该采用哪种呢？要回答这个问题，我们需要回到进行软件规模估算的目的和使用场景，如图 8-8 所示。

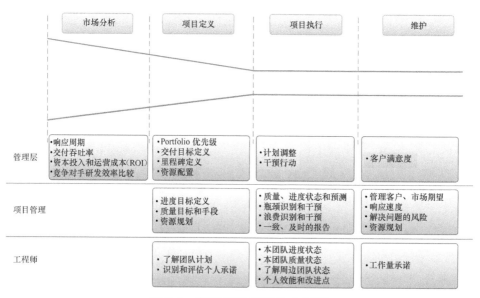

图 8-8　软件产品开发生命周期

8.4.1　项目定义

估算是计划的基础，管理层需要数据来分析交付目标的可行性，支撑对投资回报的分析。根据投入产出比较多个可能的交付目标之间的优先级，在多个项目之间进行合理的资源配置，计划预算。管理层在这个阶段经常需要回答如下的问题。

- "我要在某月某日之前必须完成这个项目，才能满足监管当局的合规要求，我现有的产能能达成这样的目标吗？"

- "项目 A、B、C 的价值分别是 X、Y、Z，现在只能选择其中一个先开始，我需要知道它们的成本，这样才能决定先投入哪个项目。"

- "项目 A 的目标是为了 ××× 客户的招投标，要在 8 月 9 日之前交付这个特性，而项目 B 的交付目标是在 10 月 1 日现场测试之前完成那个特性，我的研发人员应该如何投入呢？"

- "今年在产品开发上的预算总数大概是 ×××，我们应该分别在产品 A、B、C 上如何投入呢？"

项目管理人员则需要工作量数据来预算计划，申请资源，定义交付里程碑，验证是否能够向管理层承诺期望的交付目标，面临的问题像是以下内容。

- "以现在团队的产能，我们能达成管理层的期望，在某月某日之前完成这个交付目标吗？"

- 相同的问题换一个角度，"为了能够在某月某日之前做完这个范围的工作，我需要多大规模的团队？"

- "这个产品上的预算上限是 ×××，在这个预算范围内，我们能做出来哪些东西呢？"

- "这个项目的关键路径是什么？"

- "如果要把项目分成几个里程碑，这些里程碑的时间点分别在什么时候？这些里程碑要达成的目标是什么？"

- "我们能容忍多大程度的变更？"

对于定制软件开发公司来说，工作量的估算对于在竞争性的环境里赢得合同至关重要。一方面，估算的结果要低到跟其他竞争对手相比有足够的竞争力；另一方面又要足够高，以保障合理的利润，并应对项目潜在的风险。

在这个阶段，通常还没涉及到具体的分析和设计。产品 backlog 可能是在特性层面，也可能是细分到了用户故事层面，但一般来讲，特性的描述不会详细到包含所有的场景。用例点估算需要在所有用例写完之后才可以使用，用例的完成通常已经意味着 10% ～ 20% 的项目工作量的完成，因此对于项目定义阶段还是重了一些。而 COSMIC-FFP 需要的信息更多，甚至包含了软件的实现细节，像模块之间、软件层次之间的交互。因此这两种方式都不太适合在项目定义阶段使用，推荐的方式是在发布计划阶段使用故事点的方法来进行估算。

不过在一些所谓执行力强的组织里，可能出现一种扭曲的估算行为——计划倒推出估算。参与估算的人员无力影响项目的目标、范围、时间点、投入资源。在这些约束条件都基本固定的情况下，所谓的工作量实际上是计划活动的结果，而不是估算活动的结果。

8.4.2   项目执行

工作量的估算主要是用来细化发布计划，跟踪项目进度。如果进度跟计划出现差异，依靠量化数据的帮助，我们能知道是否有必要采取干预措施，调整计划、资源或目标。在这个阶段，项目和产品的类型很大程度决定了需要在估算上花的功夫和估算的精确程度。

对于大多数互联网类的产品和商用软件，如果是建立在成熟的平台和框架之上，有经验的开发人员通常可以根据特性列表做出相对准确的估算。从投入产出的角度来讲，根据进一步细化后的用例分析或技术设计未必能得出更加准确多少的估算。可能更糟的是，尝试在项目执行的前期写完所有特性的用例分析，甚至完成比较详细的设计文档，人们在实现的时候就会倾向遵守这些文档，从而就失去了在开发过程中学习、改进和调整的意识。

如果团队能够在完成部分端到端关键特性之后，就将可工作的软件展示给相关的干系人，并进行一些非功能性测试，就能够从客户的角度和技术的角度获取很多有价值的信息和反馈。开发的过程，是一个不断验证前期决策中设定的假设的过程，是一个不断向真实世界、真实需求逼近的过程，是一个学习的过程。根据这些信息调整后续的分析和设计，更短的反馈周期可以使最终的产品更准确、更有效地命中真实的市场需求与合适的技术实现。可惜是很多管理人员，特别是距离一线开发、一线市场有一定距离的管理人员，他们的决策似乎总是倾向基于"我们能预知世界，我们能计划一切"这样一个不断被验证为谬误的假设。

另外一些大型产品，特别是跟硬件相关的复杂产品，比如电信设备，它们的开发周期通常较长，变更成本相对较大。为了在项目执行阶段更好地计划和跟踪项目的进展，可能有必要根据过程中掌握的最新信息，对一开始计划时所做的估算做进一步的细化。这类产品开发组织即使采用的是敏捷实践，项目的执行阶段也通常都包含一个明确的分析设计阶段，这个时间段在不同组织里只是长短不同，分析的粒度不同。我们其实可以在这个时候重新梳理一遍特性列表，对过大的特性进行拆分，并且借助用例点或是 COSMIC-FFP 的分析手段，更加全面地分析特性本身的复杂性：

- 特性所要解决问题本身的复杂度；
- 特性涉及的软件模块跟周边的交互的复杂度；
- 特性涉及的软件模块本身的结构和控制流的复杂度。

如果产品是偏重用户交互，可以考虑使用用例点的分析方法，如果是像嵌入式开发那样偏重设计实现，或许可以考虑 COSMIC-FFP 的分析方法。

用例点或是 COSMIC-FFP 都是相对语言中立的度量单位，跟具体实现所需的时间也没什么直接关系，因此独立于个人的能力和经验。对于大型产品开发组织来讲，建立基于例点或是 COSMIC-FFP 分析的历史数据，能够帮助团队预测未来的计划和进度。不过这里有个假设：不同的个人和团队在写用例，或是用 FFP 方法对软件进行分层的时候，大家都是在一个一致的粒度上，这其实也不是那么容易达成的。

用例点和 COSMIC-FFP 的另一个吸引人的地方是自动化的可能性。假设我们完全用 UML 展现 COSMIC-FFP 模型中的功能过程和数据移动，就有可能从图形中，根据模型自动算出软件的规模。同样的道理，如果把用例录入到一个用例管理系统里，基于用例步骤和 actor 的规模估计，是有可能通过软件自动完成的。跟上面的假设一致，自动化要求所有的分析对象是在同一个粒度上，这样算出的结果才有意义，实际操作中，这个约束带来的麻烦可能比自动化带来的好处更多。

8.4.3　估算的沟通

前面描述的各种估算方法，不管用的是相对值还是绝对值，最后都能给出一个具体的数字——×××个点，不过我们既然说这是一个"估"算的过程，这个结果其实忽略了凡是涉及到"估"的另一个重要的因素——可能性。这个数字是建立在什么样的置信水平（信心度）上的呢？

当我们投入越多时间、资源，我们对完成项目目标的信心自然就越大，这个关系可以用图 8-9 表示。

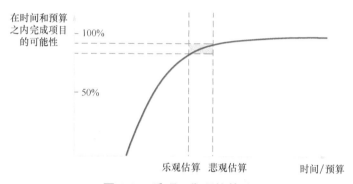

图 8-9　乐观 / 悲观估算法

我们在估算的时候给出的数字一定是在这个曲线上。我们可能会说，"我有 9 成把握能在 24 周内完成这部分工作"，一个更常用的方式是给出一个悲观的估算和一个乐观估算，比方说，"大约要 18 周到 24 周能够完成这部分工作"。这两个数值的得出，有的时候是依赖经验和直觉。另一个更系统的方式是对每个估算对象（特性、用例、stroy），根据不同实现或是关于复杂度的不同假设，估计出两个数值，然后叠加所有的悲观和乐观值得到项目的两个数值。计划的时候常常是取悲观和乐观估算的中间值，而如果项目报价的话，则根据项目风险程度乘以一个缓冲系数，比如 1.2。

总的来说，估算有 3 个主要作用：预测、控制、提升。前面提到的都是估算在预测、计划上的作用。一次性对周期较长或是规模较大的项目做出预测，基本就跟股评家的预测差不多。如果说这样一个项目的执行结果真的严丝合缝地符合了一开始的计划，经验告诉我，这预示着很可能出现了下面的几种情况。

（1）项目预留了超长的缓冲空间——根据 Parkinson 定律："工作总会是用完所有可利用的时间"，这个缓冲空间通常静悄悄地消失在了莫名其妙的事务上，提前完成这种事情是很少发生的。

（2）缺乏理性的决策过程——项目参与人员就在一些显性目标（时间、范围）和隐性目标（代码质量、测试覆盖、可扩展性等）之间做出了权衡。很可能是牺牲一些隐性的目标，从而消化掉了交付过程中各种动态因素产生的影响。

我们应该认识到，预测的结果不是提供一个项目目标，而是提供一个基线数据，是识别计划当中的各种假设的一个过程，让我们能够在后面更好地根据开发过程中得到的新的信息和知识，验证一开始的假设，依据验证的结果调整项目的时间、资源等各个要素。

第 9 章
Chapter 9

产能

"不是所有的工作角色都需要达到一种顺流状态才能具有生产力，但是对于一个涉及策划、设计、开发、写作或类似工作的人而言，顺流是必不可少的。"[1]

——Tom DeMarco &Timothy Lister，《人件》

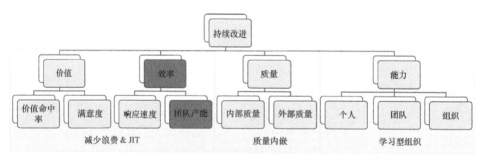

图 9-1　指标体系框架[2]

没有价值的效率只是浪费，有价值却低于行业水准的效率则使企业在竞争中失去生存之地。在平衡缩短交付周期的效果和可能带来的代价之后，市场的响应速度就要靠团队的产能了。**交付管道**直径不变的条件下，我们要提高单位时间内通过管道的工作单元的数量，也就是**单位规模组织**在**单位时间**内所能交付的**软件规模 - 产能**。

9.1　度量产能

产能看上去是个比较直观的目标，但实际操作中计算单位和方式一直

---

[1]　DeMarco & Lister, 1999, 页 63
[2]　本章内容在指标体系框架中的位置如图9-1所示。

都是五花八门的。有前面提到的代码行数、功能点，也有直接把价值跟产能合成起来得到的经济增加值（EVA- Economic Value Added)。不同的做法通常是在有效性、可靠性和成本上做出了不同的取舍，因而对团队和个人的行为也会产生不同的牵引效果。

要度量产能，我们首先需要知道度量的结果相对于交付目标所代表的意义。写完了一千行代码并不能告诉我们离发布是靠近了一天还是两天，因为后面影响进度的不确定因素还有很多。这个时候，我们就需要知道团队所定义的 DoD 是什么。DoD 定义了各个阶段完成时已经完成工序。在较低级别的 DoD 里，比如在用户故事和迭代级别，完成的质量保障活动的范围越大，未来的不确定性因素就越小，由此得到的速率相关数据的有效性就越高。DoD 本身其实也是一个定性的指标，可能的值有单元测试、功能测试、联调、集成测试。

产能的度量其实有两个方面，一个是**产能**本身的大小；另一个是产能的可靠性，可以由团队交付**节奏**的稳定性来体现。

1. 产能

迭代开发模型中直接的产能指标是**迭代速率（Velocity）**——团队在一个迭代中完成的用户故事点数，这里我们也称其为迭代产能。实践中通常用连续 2 ～ 3 个迭代的平均值来指示一个团队的产能。如果是个新产品，抑或是涉及新的业务或技术领域，我们在迭代开发中都会观察到一个热身的过程，因此另一个值得关注的指标则是**迭代产能趋势**。

我们在统计产能的实际操作中经常遇到一些似乎边界性的问题：假如一个特性已经编码完成，然而测试人员在迭代内却发现了这个特性的缺陷，那么这个特性的点数应不应该被算进这个迭代的产能？解决缺陷的工作量是否要另外算进产能的统计？

为了确保计算结果能比较真实地反映未来的风险，我们认为，只要没有通过 DoD 质量保障手段检验的特性，其工作量都不应当被计算在当前迭代完成的产能里。而在 DoD 之前发现的缺陷，比如，如果迭代 DoD 是功能测试，那么在功能测试和更早的验证活动中发现的缺陷，其修复和重新验证的工作量都应该被算在这个特性的工作量里，是特性复杂度的一部分，其工作量也不应另外单独统计。只有根据质量保障策略不需立即修复的低优先级缺陷，才可以作为遗留缺陷，不影响工作单元的完成。不过，日后这些遗留缺陷很可能会需要单独计划工作量来修复，因此遗留缺陷作为一个重要的质量和进度风险，需要被严格控制。

2. 节奏

节奏指标是**代码合入频率**和**构建频率**。只有成功通过自动构建里的各项验证活动的代码，才能被计入产能的统计。而产品在持续集成设施里进行各级构建的频率则是代表了节奏的快慢，构建中的各级验证覆盖程度意味着节奏的可靠程度。

节奏代表了代码产能的稳定性和可靠程度，稳定的节奏通常也意味着进度的稳定和质量的稳定。如果一个开发人员手上留了一堆的代码，没有合入，这些代码就跟定时炸弹一样，谁也不知道一旦合入，整个团队，甚至一个产品的多个团队需要花多少时间来解决出现的冲突。

节奏还代表了反馈的周期，快速合入代码并验证意味着更早地发现可能存在的问题，减少由于把问题留到后面所带来的更加高昂的定位和解决成本。

一个颇有争议的指标是开发人员没有能够按照预期或是计划完成工作单元的次数或比例。从跟踪计划和进度可靠性的角度来看，这是个有价值的指标，可以让我们知道开发人员在估算和计划时的倾向性。但从行为引导的角度来讲，则可能产生不良的博弈行为，譬如为了提高成功完成任务的比例，故意保守估算工作量或安排进度。有一个软件开发的谚语："不管你计划了多少时间，最后都会被用光的。"

总地来说，正像 Steve McConnell 指出的："不要指望任何单个维度的生产力指标能够给你一个关于个体生产效率的完善图景"[1]，要非常小心地运用这些数据，尝试用某个度量数据做出对个人或是团队的判断，就好像试图单独用一个 K 线图或是某个什么技术分析理论来预测股票的涨跌一样不靠

---

[1]   McConnell

谱。简单的度量数据并不能将我们直接引向结论，更多时候是帮助我们提出有价值的问题，来发觉更多的信息，以做出判断，产生行动。

9.2 提高系统效率

假如团队规模一定、优先级准确，我们有什么办法提高团队的产能呢？如果把软件开发组织的活动看做是一个动态的系统，提高系统能力的方法主要有 3 个方面：

- 提高个体的交付能力；

- 优化系统的结构；

- 减少交付活动中的浪费。

9.2.1 提高个体的交付能力

软件开发到现在为止仍被不少人认为是介于艺术和技术之间的一项活动。在过去几十年间，虽然各种软件工程方法和手段被发现出来，但软件业还是没法像制造汽车那样生产软件。如果产品足够复杂，一个优秀工程师在其中产生的价值能够10倍于一个普通的工程师[1]。这是来自 Steve McConnell 的评估，我并没有找到这个数字在统计学上的可靠证据，不过个人的项目经验以及业界朋友同事的交流都得出了类似的结论。与此相对比的是，一个出色的生产线工人很难产生出比同一生产线上其他工人高这么多的绩效。而另一个对比则是，一个天才的画作或音乐，其价值可能千倍万倍于一个普通画家或音乐家的作品。

如图 9-2 所示，软件开发所处的位置是在神秘、发散的艺术创作和无需探寻和创新的机械、算法化活动这两个极端之间。经验证明，系统中的个体——软件开发中的团队成员，他们的能力、诉求和动机对这个生产或是创造的过程会产生极大的影响。这也是为什么许多以软件作为关键业务或支撑关键业务的公司，都把招聘、保留和培养卓越开发人员当做企业的一项核心竞争能力。

---

[1]   McConnell

图 9-2　谜题和算法之间

在西方的软件开发者似乎越来越意识到这点，于是人件（Peopleware）、软件工艺（Software Craftsmanship）等以人员能力和组织生态系统为中心的软件方法学逐渐被所谓的主流所接受。而在东方，包括中国和日本，管理者仍不懈地尝试用算法化的方式来降低软件开发的门槛，并通过标准化获取质量的可靠性。"只要规格书写得够好，高中生也能写软件"，诸如此类的提法仍在被大型软件交付组织投入到管理实践当中。关于能力的提升，我们将在"第 12 章 能力——学习型组织"中详细讨论。

9.2.2　优化系统的结构

优化系统的结构，也就是通过优化团队的组织、流程和工作方式，在不改变规模的情况下，扩大系统的吞吐速率。我们继续使用前面用过的概念"交付管道"。如图 9-3 所示，我们看到，一个交付管道里约束系统产出的通常都不是系统本身的规模，而是系统当中吞吐率最小的环节。如果我们假设一个组织里生产的每个特性都要经过分析、开发、测试几个环节，那么吞吐率最低的一个环节，也就是系统瓶颈，肯定就限制了这个系统的产能。

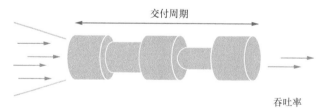

图 9-3　不均衡的交付管道

精益组织里通过全功能团队来减少团队和团队之间、部门和部门之间的队列和瓶颈，通过培养多技能人才来解决角色和角色之间的队列和瓶颈。由于信息沟通的效率和信任感等问题，跨团队协作的场景下人们对瓶颈通常都不太敏感，也就是说，人们一般是不会太在意其他团队出现的瓶颈的。而全功能团队是指在一个团队里包含不同角色，具备端到端的交付特性的能力。

全功能团队意味着各个工作环节之间的信息完全透明，可以轻松识别当中可能存在的瓶颈，并且，如果一个团队中的大多数成员具备能力，可以在系统分析、设计、开发、编写自动化测试脚本等活动之间承担不同的活动，不同工作环节之间出现瓶颈的机会就能降到很低的水平。在大型产品的开发里，可能由于技术跨度大，也可能是领域知识复杂，全功能团队和通用人才似乎是可望而不可及的，如何改善这种状况，在后面的第 12 章中会有讨论。

产能瓶颈主要通过观察库存来发现。库存是掩盖过程中瓶颈的缓冲，已分析未设计、已设计未编码、已编码未测试的特性都有可能最终不会被发布到生产环境之上，因而成为浪费，不创造价值。专注于将最重要的特性推到"可发布"状态是提高效率的关键之一。

快速解决瓶颈需要高度可视化的流程，及时暴露管道中的阻塞，并积极采取措施。通过看板和统计数据来观察在不同工作环节等待的用户故事是一个识别瓶颈的有效手段，我们通常关注的是在待分析、待开发、待测试状态的用户故事数或是工作量。图 9-4 所示是前面提到的一个多团队合作的项目场景，大家由图可以看到，从"待测试"这一列当中的卡片可以看出已经形成积累的态势，应该尽快采取行动。

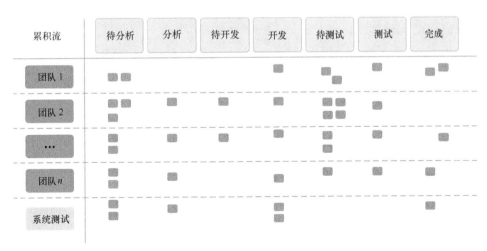

图 9-4　多团队协同看板

在项目的累积流图（Cumulative Flow Diagram）上也很容易观察到瓶颈，

图9-5所示中测试从迭代5到迭代12远远落后于开发，大批的工作量（WIP）积压在测试环节，如果项目管理人员能够尽早根据数据采取行动，应该可以大大降低进度的风险。

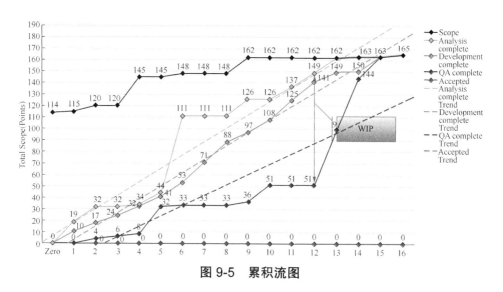

图 9-5　累积流图

我的一位同事毛超在他的一个项目日志里写到，"在用户故事卡上面增加了4个度量：点数、实际开发天数、测试天数、发现 bug 数。这不是凭空想出来的，而是客户由关心的几个问题驱动出来的，比如代码质量不高、测试进度慢等。在回顾会议之前，可以根据上述度量生成出图表来，更好地反映团队的状态。"

9.2.3　减少浪费

说到效率，我们一方面关心把事情搞定的速度，另一方面则关心的是我们干的事情到底有没有产生价值。当软件开发的规模较小的时候，不直接增加价值的活动还不太明显。我不止一次地听到一些参与产品初创阶段的资深员工感叹道，"当年我们几个人就把产品搞定了，哪里有现在这么乱七八糟的事情，那时候每个人什么都能干，效率简直跟现在是不可同日而语的。"这也难怪他们有这样的感慨，虽然这些能够在市场上成功推出产品的人，一般能力确实都很不错。不过随着产品的演进和多样化，软件的规模会急剧扩张。根据 Brooks 的《人月神话》[1]和 Weinberg 的《质量·软件·管理 – 系统思路》[2]，开发工作量的增长不是随规模线性增长的，而是呈几何级数增长的。这种工作量增长的来源可能是软件当中的分支、耦合数量，也可能是人员、团队之间所需的沟通渠道量和信息量。这些系统和组织复杂度带来的额外工作量很难完全避免，但我们观察到，很多软件交付组织在这方面都有不小的优化空间。

Poppendieck 夫妇在《Implementing Lean Software Development: From Concept To Cash》[3]一书里将精益生产里的 7 种浪费对应到了软件开发中的 7 种浪费。这种匹配某种程度上可以提供一些线索，帮助我们发现问题。但我感觉，把对制造行业生产活动的分析硬生生地匹配到软件开发活动，也可能会使我们产生分析的盲点，错过一些软件开发所特有的线索。因此，本书不会就那 7 种浪费再一一讨论，而是选择根据经验影响比较大的几种浪费来讨论。

- 重复手工劳动：对于生命周期较长的产品，随着响应市场需求的加速，有些活动在开发过程中多次重复。

- 规模、复杂度带来的不直接增加价值的活动：随着交付规模的扩大，不管是管理上还是开发上，都有些不直接增加价值的活动，其耗费时间呈快速上升的趋势。

- 中断和切换：对周边团队的支持，各种会议、电话、邮件，一旦开发组织变大了，这些分散和转移注意力的活动似乎愈发地不可控制。

1. 重复手工劳动

在 Poppendieck 夫妇的书里面，对精益生产里"多余处理"在软件开发里的映射是"重复学习"，也就是重复发现已知的知识或信息，强调通过有效的知识管理来创建、保留、共享、利用知识，减少重新发明轮子之类的情况。不过在我看来，要减少开发过程中对客户没有价值的活动，一个最

---

[1] Brooks, 1975

[2] 杰拉尔德·温伯格, 2004

[3] Poppendieck & Poppendieck, Implementing Lean Software Development: From Concept to Cash, 2006

直接的途径是减少重复劳动，特别是重复的手工劳动。

重复手工测试

用到迭代开发模型的项目中最常见，可能也是工作量最大的重复劳动就是手工测试，特别是回归测试。如果希望在每个迭代都能产生接近发布质量的软件，就意味着需要在每个迭代完成一定程度的回归测试。过去以手工测试为主的回归策略，在这种情况下就会造成极大的负担和浪费。

数据和环境准备

另一个让人头疼的重复工作是验证工作相关的**数据准备**。为了让外部依赖系统工作起来而需要做的数据准备工作通常相当耗时，更不要提测试数据的准备。为了在每一轮测试当中采用接近真实场景的数据，测试人员经常不得不把大量时间花在数据库清理、数据导入的工作上。

对于较大项目而言，**各种环境的准备活动**也常常在悄悄地损耗着团队的时间和精力。很多项目至少有开发、集成、测试、staging、生产等多个环境，由于参与人数多，开发、测试对独立环境的要求不同，每个环境可能需要多套。准备这些环境的工作被分散在不同时间和不同人身上，一次可能从几小时到几天不等，看上去不多，但把这些零星时间加起来，其实可能还是相当惊人的。

减少重复手工劳动

当我们判断一个测试用例需要在软件开发周期当中需要执行三次以上的时候，就应该考虑用自动化脚本来取代手工测试。当我们发现开发和测试人员花费大量时间准备环境和数据时，业界许多有效的 provision 和数据移植手段，就应该被认真地考虑使用。

2. 规模、复杂度导致的无直接价值的活动

除了上述比较明显的重复劳动以外，对于一些产品类公司，我们以时间轴横向和纵向两个角度来观察，就会发现还有两个产生浪费的重要因素。

横向——定制版本的维护

前面曾提到通过产品线的管理，可以在相似产品之间共享架构、组件和特性，减少开发的总体成本。不过重用也是有成本的，是否能够权衡产品线各个产品之间的重用的收益和成本，选择合适的技术和管理策略，对一个拥有众多产品的开发组织的成本结构有着很大影响。

我们曾经观察到过一个颇为极端的状况。这是一个针对电信运营商的短信类产品。由于每个电信运营商，甚至是同一个电信运营商下面各省局点对产品都有很多不同的要求，而电信运营商通常又都是非常强势的客户，响应速度和贴身的定制服务成为厂商的重要竞争领域。这个产品的开发商为了能够更快速地响应特定运营商、特定局点的需求，一旦某个运营商有了跟现有实现差异较大的特性需求，就会针对这个运营商产生一个定制版本，于是产品在两三年内就迅速衍生出了十好几个定制版本。后来一遇到新的需求，第一件事情就是查查是否在其中一个定制版本中有相近代码，然后把这些代码在这些定制版本之间拷来拷去，结果代码库愈加混乱复杂，加上版本过多，1～2个人就要维持一个定制版本，整个产品团队疲于奔命。

纵向——产品生命周期管理

软件产品生命周期的结束通常应该是因为重大技术革新或业务模式创新，老的产品从概念上就已经被时代淘汰，就好像 PC 操作系统从 DOS 到 Windows 最新版本之间的更替。但是，我们在业界还经常观察到另一种产品生命周期过早结束的情况：软件的架构设计的局限性，代码质量的腐化，导致特性的增加或修改成本急剧上升，在老代码上的修改在经济上已经很不划算，以至于还不如推倒重来。

距离导致的浪费

在精益生产中，有一类浪费是移动（Motion），就是把物料在存放地点和生产现场之间的移动。敏捷软件开发理念强调团队应该在同一个办公空间里工作，其实也是同样的意思。距离产生浪费，更重要的是距离产生不信任感。我们需要问自己，开发是否容易地得到业务专家、产品经理或客户的协作？那些人是在身边，在另一个房间、楼层、办公楼，还是在另一个城市甚至时区？开发是否能够及时获得测试结果，以及测试活动的场景？文档是否在触手可及之处？对于上述问题的任何一个"不"字的回答，都意味着沟通、协作的成本，产生不信任、博弈行为的机会。

除了物理的距离，有时候团队、部门等行政管辖区域的隔离，会比物理的隔离产生更大的距离。我们观察到的很多返工，比如在业务和开发之间需求分析的返工，在开发和测试之间代码的返工，究其原因，多是独立团队之间沟通不畅、理解不一致所致。

距离不仅对提升产能有障碍，对响应速度也是一个极大的约束。一些传统行业的公司，在试图将业务延伸进互联网领域时，我们就看到了部门墙对效率和响应速度造成的影响。我有一次跟一家大型金融机构的 IT 部门解释说，从市场和业务发现某个需求到这个需求上线为用户产生价值，如果这个周期超过两个星期，就很难在电子商务领域形成竞争力。在场诸位顿时哗然。开发团队的代表说："从业务这边提出需求，到需求细化，到跟业务确认，这就要好几天。如果出现反复，两周的时间里我们还没开始开发呢。"测试团队更是嗤之以鼻："两周，你留给我们几天做测试？就算我们测得完，他们开发来得及修吗？"

层级导致的浪费

在等级森严的组织里，决策是和一线工作分开的。在没有现场管理氛围的组织里，真正做决定的人，大多坐在独立办公室里，根据已经被抽象过不知道多少轮的报告，对项目的目标、范围、时间和资源设定预期，或是做出干预的决定；当然，所有的决策者都在一线现场的可能性不大，但如果不能提升现场人员的协作和判断能力，并将必要的行动权赋予他们，远离现场的管理者就必须知道足够的上下文才能做出靠谱的决策，而这所谓的足够的上下文，通常意味着巨大的信息量和沟通成本。

不良技术实践导致的浪费

还有一类是花在**解决原本不应该存在的问题**上的时间。很多开发人员都有熬夜地解决一些棘手问题的经验，可是这些问题真的是软件开发所固有的吗？让我们来看看这样一些问题。

- 不同环境，配置不同，由于更新的配置没有同步到所有环境，或是由于配置复杂，手工操作失误，致使部署失败。

- 定位由于环境不一致所导致的问题：开发人员经常抱怨为啥软件在自己的机器上没问题，到了测试人员的机器或是集成环境，就怎么都不对。

- 花在阅读和理解烂代码上的时间，不管是维护过程中修复缺陷，还是开发中涉及别人写的代码，如果代码质量很差，不符合团队的规范，就意味着需要花额外的时间阅读，才能有信心对其修改。

这些问题，大多是以技术债的形式存在于我们的开发过程当中，我们将在第 10 章中详细讨论技术债的问题。

另外值得一提的是，在不少组织里都存在着一些救火英雄。交付期限来临的时候，我们经常能见到他们忙碌的身影，他们在定位、解决上面那些问题的时候，总是能发挥超人的效果。项目在他们没日没夜的努力下，跌跌撞撞，总是能在最后一分钟（勉强）成功上线。很多公司总是非常认可这些项目的解救者，这里我绝对不想否认他们的敬业和能力，不过还有一句老话叫"善战者无赫赫之功"，当开发人员和团队把事情理得很顺的时候，救火英雄可能是个不需要存在的角色。

文档导致的浪费

还有一个不得不提的活动是**文档**。文档的价值不可忽视，不过我们确实看见不少一完成就束之高阁，并尘封已久的文档。当把这些文档拿出来想用的时候，却发现跟现实的代码实现已经相去甚远。那么如何减少浪费呢？让我们先看看文档的用途。

（1）帮助思考——我们的大脑里能够同时思考的维度和线索是有限的。当问题复杂到一定程度，大到一定程度，我们需要有个什么在眼前，记录思考的产出，帮助寻找新的线索。我们经常在侦探片里看到这种方法，把所有的线索贴在一面墙上，空出还有缺失的地方，然后脑力激荡。

（2）用作沟通的媒介——在空间和时间有跨度的时候，拥有一个共同的线索，能有效地提高沟通的效率。作为沟通的媒介，文档要简单到留有足够的讨论空间，详细到不会遗漏关键点。

（3）知识传承——把必要的、相对稳定内容，以易于理解的方式很快捕获下来，比如照片、图形加简短描述，并以易于检索、访问的方式存储。对于跟代码、测试相关的细节知识，应该尽可能通过可执行的文档、易读易维护的代码和用例来反映。

在我们打算要写文档的时候，应该认真审视这个决定。文档的成本并不仅仅是写作的成本，文档生命周期后面的维护成本可能远高于一开始的写作部分，更不要说除了作者之外，那些提供信息和其他协作的人所付出的时间，因此如果当我们发现文档工作不能满足使用的目标时，就应该尽可能地减少。

度量本身导致的浪费

最后还有一种不直接增加价值的活动是**度量本身**。从客户的角度来讲，任何不增加价值的流程和任务都是浪费。而客户关心我们花了多少时间和精力来收集度量数据吗？当然不，他们关心的是我们干了这些事情后，会把多少成本追加到他们消费的产品或服务的价格当中。因此决定度量是否真的增加价值，其一是看这个度量是否满足前面提到的几类相关人员的需要，其二是看是否减少了其他的浪费，如缺陷。

度量不增加价值的活动

从度量的角度来讲，要收集上面这些数据其实是非常困难的。这类数据很难用软件从系统里直接获得，如果要建立流程强制度量，所引入的成本会相当可观，可能是得不偿失。常用的方法，一是把上述这些活动也作为一个个任务，纳入计划和跟踪的流程。我们有时候会用卡片把这些活动记录下来，放在看板上，可视化出来；另一个策略是隔一段时间指定一个观察员，这个人会在一个时间段，手工收集这些活动的相关数据。不管是使用哪种方式，目的是帮助发现异常或是可优化、可改进的机会，为可能采取的行动提供线索和依据。

对于这些对软件产品本身不直接增加价值的活动，我们有时候很难判断某个活动是必要的间接增加价值的活动，还是可以消除或减少的活动。在评估的过程当中，肯定会有灰色地带，很大程度上依靠一线人员的判断。一线人员在这方面具备的知识、意识，就对是否能够权衡长短期利益、能否做出正确判断起着决定性的作用。而且团队应该在一起讨论这个权衡的过程，具体的结论其实并不一定很重要，这个达成共识的过程则会是一个非常有价值的学习和改进的机会。

3. 任务切换或中断

对于中断和切换，有很多心理学研究指出，当我们有多个任务要做的时候，顺序地把注意力集中于单个任务，完成一个再做另一个，得到的效率一般都比试图并行地在多个任务之间切换效率要高。

一类常见的切换，其根源是任务或资源上相互依赖引发的个人与个人之间、团队与团队之间的阻塞，比如后续开发和集成活动受制于被依赖模块的进展，受制于测试环境就绪，受制于特定设备或人员的释放。为了绕过被阻塞的工作，只好把干了一半的事情先放在一边，换一个没有被阻塞的任务来干。

如果个人和团队的负载过大，或是需要同时应对来自多个方面的需求，也很有可能出现在多个任务之间频繁切换的情况。不过切换不一定都是无意义的，在开发组织里，这种多方面的需求多是来自于支持、帮助等协作性活动，尝试无限制地减少中断可能会产生的一个副作用是减少了开发活动中的协作，比如售后维护、支持销售团队、辅导和帮助新加入的团队成员、协调团队活动等。造成情况恶化的原因之一可能是产品的成功。当产品大卖，客户增多，维护的版本增多之后，特别是在这个过程中产品的规模也总是在增加。这两个因素结合在一起，常会导致开发组织低估在支持上所需的工作量。如果不能合理安排团队的工作队列，让成员能够专注于完成一个个的任务，就会使效率和质量大幅下降。

中断会带来这样那样的负面效果，但一味地拒绝中断可能也会带来问题。比如我们要区别中断（Interruption）和交流（Interaction）。交流可能会导致团队成员人员正在进行任务的中断，但利害相较，交流所带来的学习、创新、沟通的好处可能会大于中断带来的坏处。在支持中跟客户的接触，跟销售团队的交流，可以帮助开发人员了解客户的需求和痛点，开发出更符合客户需要的软件。

为了在减少中断和鼓励交流这两个可能矛盾的目标之间取得一定的平衡，我们需要度量与迭代目标无关的活动，以便了解其对正常开发造成的影响。在 Tom DeMarco 和 Timothy Lister 的《人件》[1]一书中用了一个 E- 因子来评估团队成员的有效工作时间，计算公式是：E- 因子 = 不被打扰的时间 / 体力出勤的时间。书中认为 E- 因子对于员工是否能够经常在高效的顺流状态非常关键："在一心一意动脑筋工作的时候，人们在意识上处于一种心理学家称为顺流（Flow）的状态。顺流是一种陷入沉思的状态。在这种状态下，有一种精神欢快的轻松意识，一种大部分情况下都感觉不到司机在流逝的意识"。虽然书中没有详细描述如何统计不被打扰的时间，不过大致可以从时间和频率两个角度出发，得到类似的数据。

一个指标可以是记录切换和中断时间，其单位可以是"小时 / 周"或"人天 / 周"。全面准确地记录这些时间是相当困难的，可以由团队主管抽样统计那些影响较大的任务阻塞，还有中断开发的活动，比如每周花在外部支持、会议上的时间。图 9-6 记录的是一个有 6 个成员的团队在 8 周里进行的活动。图中数字以天为单位，项目经理在记录的时候是以半天为单位，每天大致记录下团队成员在故事开发、缺陷定位修复、变更、技术探索、团队外部支持等活动上用去的时间，最后综合统计得出下面的数据。

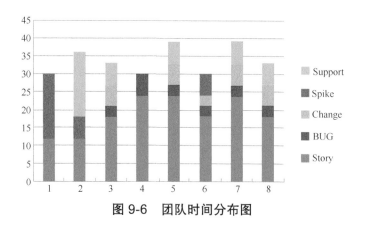

图 9-6　团队时间分布图

---

[1]　　DeMarco & Lister, 1999, 页65

另一个可以参考的是频率指标（次数每人每周）。推荐由每个人每周大致估算和记录一下自己收到和处理的外部请求次数。对于采用敏捷实践的团队，也可以在每日站会，快速地在白板或故事墙上找个地方，累计一下团队前一天被打断的次数。图 9-6 的数据其实也同样可以用频率数字得出。

经过统计分析，当团队主管发现过多的干扰时，就要设法干预。一个策略是用制定核心工作时间的方式来确保屏蔽不必要的打断和切换，曾有团队规定每天上下午各 3 个小时是核心工作时间，尽可能把跟团队外的协作和交流活动安排在核心工作时间之外。

9.2.4 关于浪费的小结

度量这 3 类浪费能够给我们提供一些依据来判断改善活动的投资收益。这种改善主要有 3 种方式：自动化、减少此类活动、换一种更有效的活动形式。是否采取改善措施，采取什么改善措施，这样的决策应该是来自对度量数据的分析，这些分析应该都是基于具体的事实，而不是个人的主观意见。开放和真诚的态度是达成共识的关键，缺乏持续学习、持续改进的氛围，削减浪费将只是空谈，而博弈将滋生各种更严重的浪费。

经常听到这样一句话："二十一世纪什么最贵，人才！"在人力成本日益高昂的今天，我们发现的一件有趣的事情，经常是业务部门非常关注如何用计算机硬件和软件换取人的时间，与此相对应的是，软件开发部门经常倾向于用人力填补空缺，而对将手工工作自动化的投入，对通过技术手段减小工作量，则非常保守。

第 10 章
Chapter 10

内部质量

"唯一的现实存在于我们的内在。让大多数人生活得如此虚伪和没有价值的原因，是他们错误地把外在形象看作现实，却从不允许内在世界发言。"

——赫尔曼·黑塞（1877—1962）

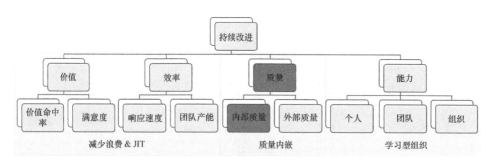

图 10-1 指标体系框架[1]

精益专注在缺陷发生的源头将其发现并解决，这也是 Quality at the Source（QATS）和 Build Quality In 等说法的来源。我们希望通过减少缺陷在价值链上流向下一个环节的可能性，从而减少缺陷带来的成本。为了达成这样的目标，我们每个工作环节都应该有最低的质量标准，并且应该通过可视化的方式，及时把质量情况的反馈呈现出来。一旦出现违反质量标准的事件，应该警告引起相关人员的注意，及时调查并修正。

如图 10-2 所示，根据 ISO/IEC 25010 的软件产品质量模型，软件产品

可以分为 8 个属性，在每个属性下面还列有子属性[1]。

图 10-2　ISO/IEC 25010 产品质量模型

从另外一个角度，上述这些质量属性可以分为功能质量和结构质量两个部分：

- 功能质量衡量的是软件符合客户、用户的需要和期望，也就是对其使用场景、使用目的的符合程度，此外，还包括软件在特定硬件、操作系统、浏览器等环境上运行相关的性质；

- 结构质量属于软件的静态性质，衡量的是在代码、设计层面上，软件是否符合非功能的需求，比如可靠性，可维护性、可移植性等。

我们简单地把这些属性分成外部质量和内部质量两大类来进行讨论。本章将主要讨论内部质量。

提升内部质量的动力来源于：

（1）对于生命周期较长的产品，降低其持续开发的成本；

（2）对于当前版本来说，提高开发进度的可靠性，降低后端测试周期长度和工作量的不确定性。

有个电信运营商的 BOSS 系统（Business & Operation Support System 的简称，即业务运营支撑系统）由长期的合作供应商开发，已经经历了数年，有过多次的发布、上线，现在规模已经相当巨大。这个客户在最近逐渐意识到，在价格并没有发生变化的情况下，供应商的开发成本正在呈现出快速上升的趋势。一个挺小的特性，原来可能只需要 1～2 个人月就能做完的，现在好像十几个人月都打不住。在跟供应商协商的时候，供应商也很委屈，说我确实铺了这么多人上来，花了这么多少时间才搞定的。经过一定的调查，发现当前系统的代码质量已经腐化到相当程度，往代码里添

1　ISO, 2010, 页4

加变更的时候，可以说是牵一发而动全身，不仅修改点奇多，而且风险很大，不知道踩在哪个坑里，就把缺陷引入进去了。此外，整个系统没有什么自动化测试，哪怕只是增加一个小特性，如果要上线，就需要进行全方位的回归测试，而且是手工测试，可以说成本惊人。这个运营商在分析之后，决定引入一个质量平台，监测最新合入代码库的代码对系统质量影响，呈现当前整个系统的质量状态，接近实时地把相关信息反馈给运营商的相关管理人员，以便其及时干预。代码质量信息的透明化，可以帮助这个运营商拥有充分的数据来权衡速度和质量的需求，对供应商做出合理的引导，而不是像以前那样，仅仅就进度和功能质量施加压力。

10.1 技术债

说到内部质量，我们就不得不提到一个概念——技术债。技术债是 Ward Cunningham 引入的一个隐喻[1]，指的是软件开发组织或个人，在开发和设计的时候选择了权宜之计以取得短期的方便快捷，却给日后带来额外的代价。用债务这样一个财务术语来隐喻不良的软件架构和代码所带来的后果，目的是为了引入"利息"的概念。技术债指的是增加或维护新特性带来的成本问题，这些成本通常随时间而增加。

10.1.1 技术债的常见来源

技术债的常见来源是进度压力、缺乏纪律，以及过度专注短期利益。客户和市场人员对技术债的隐性成本没有直观的印象，而在很多组织里，他们又非常的强势，在其推动之下，功能特性的优先级可能被无限制地提高。特别当组织或团队没有对技术债有明确的要求和标准时，项目管理和开发人员很容易步步退却，放弃对技术债的及时偿还。

开发团队本身的惰性、技能的瓶颈和不良的开发习惯，也可能是技术债的来源。开发人员大多有这样的经验，当正在快速开发功能的时候，看到了一个跟过去相似的功能，赶快找到另一块代码，先拷贝过来完成功能再说。

---

[1] http://c2.com/doc/oopsla92.html。

虽然总想着等有时间了一定重构一下，可是这样的时间从来就再也没有出现过，又或者想重构一下，可又担心会不会破坏现有的功能，所以不敢动手。

缺乏知识和信息的共享也可能导致技术债，当每个开发人员都只知道自己的功能或模块时，局部的设计和优化也会导致代码的腐化。

10.1.2 技术债的常见形式

- 没有重构的代码。

- 缺乏自动化测试保护的代码。

- 未达目标的架构和设计决策。

- 未能更新的依赖。

- 缺乏自动化测试保护的代码。

1. 没有重构的代码

"坏味道"（Code Smell）通常是代码中预示着深层次问题的症状。经验丰富的开发人员一看到这样的症状就会有不舒服的感觉，直观的想法可能是有些乱，以后会有麻烦。但这些问题是否真会对后面产生很糟糕的影响，还依赖后续代码库的发展，很难马上就说这是错误，应该立刻纠正，因此对这些味道是否应该马上采取手段的判断有相当的主观性。Martin Fowler[1] 在面向对象开发中总结了两大类"坏味道"：类当中的"坏味道"和类之间的"坏味道"。

- 类当中"坏味道"的例子有过长的函数、重复的代码、大型职责不清的类、无法表达意义的名称、不一致的名称和没有被用到的代码等。

- 类之间"坏味道"的例子有 Shotgun Surgery（霰弹式修改）、"一个变化引发多个类的修改"、完成某个需求的时候 A/B/C/D……多个类都需要修改、拒绝继承（Refused Bequest）、违背 Liskov 替代原则（LSP：Liskov Substitution Principle）、子类不需要使用从父类继承的内容。其他的坏味道还有数据泥团（Data Clumps）、冗赘类（Lazy

---

[1]　Martin Fowler, 1999

Class）、过度耦合的消息链（Message Chain）等。

详细介绍这些"坏味道"不在本书的讲解范围之内。这里只是想强调，业界对这种情况已有不少的总结，开发人员应该对这些"坏味道"要时刻警惕，用小步、受控的方式及时重构。重构的结果不应对功能发生影响，应该由快速的反馈手段—持续集成来验证。

2. 未达目标的架构和设计决策

软件开发是个演进的过程，也是个学习的过程。试图一次把事情做对并不一定总是成本最低的方案，因为不管多么小心，犯错总是难以避免，关键在于更快发现问题，勇于立刻纠正。很多的错误并不会立刻让项目面临失败的边缘，就好像生病总有慢性病和急性病一样，面对急性病，大家没什么选择，必须马上采取措施，面对慢性病，很多人则选择能拖就拖，毕竟去医院总不是一件那么让人愉快的事情，不过拖延的结果是可能让代价越来越大。

一个团队曾经帮助客户开发一个富客户端系统，客户端和服务端的通信依赖的是微软的 WCF（Windows Communication Foundation）。在解决一个诡异的技术问题的过程中，一位开发人员随手把服务的通信模式从基于 TCP 的模式配置改成了基于 HTTP 的模式，结果发现那个问题就消失了。这个改动绕过了一系列质量保障措施，部署到了生产系统。很快负责支持的团队发现通信的可靠性和效率有了相当程度的下降。经过长时间的诊断，终于找到了这个明显非法的改动，但是因为担心改回 TCP 模式会带来新问题，并且这个改动并不会影响功能，出于侥幸心理，一直抱着鸵鸟心态，拖着没有想办法从根本上解决这个问题，仅仅做了一些调优的尝试。后续的开发都是基于这个决策继续下去，功能加得越多就越不敢随意改回去。结果随着部署范围扩大，用户量激增，性能问题终于爆发，团队不得不开始没日没夜地想办法解决，做了大量的修改，可仍然是报警连连，代价极为惨痛。

3. 未能更新的依赖

在开发的过程中，软件所依赖的平台、框架、软件库可能随时出现更新，诸如数据库、编译器、JDK 之类的厂商技术平台如果进行了升级。当我们知道未来肯定要部署到新的平台上的时候，经常会为了升级过程中要面临的兼容性问题而踌躇，很多人会决定为了保持现有的进度，尽可能把问题推到最后，随着代码的增多，升级成本其实很有可能也在积累。

4. 缺乏自动化测试保护的代码

任何对代码的变更都是一次引入缺陷的机会。在发布周期比较长的项目里，手工回归测试或许可以满足要求，但是如果有快速交付的需求，发布之前来不及做较为完整的手工回归测试，部署缺乏自动化测试保护的代码，就成了一次让人心惊肉跳的赌博。

曾经有一个非常强势的投资银行客户，总是不停地在需求变更和团队产能上提出更高的要求。几个特性团队在压力下不停地向前赶着开发特性，试图满足客户的期望。特别是一个快速响应团队，他们的责任是快速交付针对当前在线版本的紧急修复（hotfix）和紧急变更，每两周将这个 40 多人开发了近两年的大型企业系统上线一次，把新的变更投入运营。在这样的压力之下，妥协行为开始出现，单元测试被破坏而不去修补，直接把测试注释掉后就投入持续构建环境，以换取构建的成功。单元测试覆盖率不断下降，一开始外部质量似乎没有受到影响，上线依然成功。但几个迭代过去，团队花在问题定位上的时间越来越多，上线软件也开始小问题不断。直到团队采取强制手段，保障新增代码的单元测试覆盖率，并花大力气补充了大量测试之后，恶化的趋势才稳定下来。

10.2　技术债的度量

在 CAST 的 Worldwide Application Software Quality Study[1] 里，用一个公式对技术债带来的成本进行了一个大致的计算。虽然其绝对值的准确性有待考量，但作为一个指示性的量化指标，特别是作为一个趋势性的度量指标，它却仍是非常有价值的，可以为相关人员决定是否要采取干预性措施提供有效的信息。

> 综合技术债 = (10% 轻微问题数 + 25% 普通问题数 + 50% 严重问题数\
> * 平均修复时间 (小时) * 成本 / 小时

---

[1] http://www.castsoftware.com/castresources/materials/wp/cast_2010-annual-report_keyfindings.pdf。

这里假设 10% 的轻微问题数，25% 的普通问题数和 50% 的严重问题数会最终被修。这几个参数可以根据组织里的历史经验数据调整，而平均修复时间也是特定组织、特定产品的经验值，每小时的成本则是由公司的运营成本分摊决定的。

除了直接尝试计算技术债的成本，还有间接观察技术债的方式，比如通过代码静态检查来监控代码库的可靠性、可读性、可复用性、可维护性和可扩展性。常用的静态检查有两大类：代码风格检查、潜在缺陷检查。

1. 代码风格检查

良好一致的代码风格可以有效地提升代码的可读性，而且可以加强知识共享，降低大型系统中的技能和知识壁垒，从而降低代码的维护成本，提高开发的效率。这个在大型系统的开发团队中，效果尤其明显。风格检查主要解决的是复杂度的问题，我们用三类比较重要的复杂度举例：

- 代码单元复杂度；

- 代码单元内聚度；

- 代码单元耦合度。

2. 代码单元复杂度

代码单元内部的复杂度通常用圈复杂度来度量。圈复杂度建立在程序控制论和图论基础之上，早在 1976 年，THOMAS J. McCABE 在他的文章 "A Complexity Measure"[1] 里将程序的控制流表示为有向图，通过计算独立的控制路径数，来度量模块结构的复杂程度。计算方法是，节点是程序中代码的最小单元，边代表节点间的程序流。如果一个模块流程图有 e 条边 n 个节点，它的圈复杂度是 $V(G) = e-n+2$。

以一个计算一个整数是否有完全平方根的简单函数为例（这个绝对不是最优算法）：

```
    public static boolean IsSquare(long target){
1       boolean isSquare = false;
```

---

[1]　McCABE, 1976

```
2        int i = 0;
3        while( i * i <= target){
4            if ((i * i) == target){
5                isSquare = true;
            }
6            i++;
        }
7        return isSquare;
    }
```

如图 10-3 所示，这个函数的控制流图有 7 个节点，有 8 条边：V(G)=e-n+2- 8 – 7 + 2 = 3。

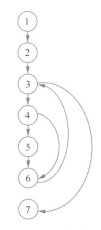

图 10-3　圈复杂度分析图

程序的圈复杂度主要与分支语句（if、else、switch 等）的个数成正相关，所以很多工具都是简单地统计函数中 if, while, do, for, ? : , catch, switch, case 语句和 &&, || 的操作符的数目来计算得到的。当一段代码中含有较多的分支语句，其逻辑复杂程度就会增加，这也跟软件开发人员的经验相符。想象如果要你在一段有密密麻麻几十个 if/else 代码上尝试定位、修复一个缺陷，或是硬生生添加一个功能，如果是在没有单元测试保护的情况下，那会是什么样一个心惊肉跳、如履薄冰的感觉。话又说回来，如果真有这样一段代码，想在上面加测试覆盖所有关键路径也绝对不是一件轻松的差事。

历史数据显示，这样计算出来的复杂度，跟模块中存在的缺陷数，以及为了发现并修正它们所需时间，存在相当程度的正相关的关系。复杂度大意味着程序代码可能难于测试和维护。在大型复杂的遗留系统上工作时，圈复杂度显得特别有价值。开发团队通过监视复杂度状态和趋势控制系统中的风险，在出现难以解决的问题之前，及时干预和处理。业界有试验和研究显示，圈复杂度 38 代码出错的概率达到 50%，而圈复杂度在 74 的代码出错的可能性增加到98%[1]。虽然复杂度的合适区间在不同行业、不同产品会有不同，不过研究指出，大多数情况下，把圈复杂度限制在 10 左右的位置会是一个不错的选择[2]。业界常用的判断标准是 1 ～ 4 是优秀，5 ～ 7 是合格，8 ～ 10 看情况重构，11 个以上一定要马上重构。

另外，圈复杂度指出为了确保软件质量应该检测的最少基本路径的数目。在实际操作中，测试每一条路经是不现实的，测试难度随着路径的增加而增加。但测试基本路径对衡量代码复杂度的合理性是很必要的。Mc-CABE 指出[3]，如果测试路径数小于复杂度，则有 3 种情况：

（1）需要更多的测试；

（2）某些判断点可以去掉；

（3）某些判断点可用插入式代码替换。

业界发现测试驱动的开发（Test-Driven Development）和低复杂度有着紧密关联。测试驱动出来的代码可以有效减少无效路径，而且如果难以用测试驱动出代码，通常意味代码的复杂度已经达到一个程度，可能需要重构。Rod Hilton 在他研究[4]中对采用 TDD 和非 TDD 方式开发的几个开源软件（样本分别是 JUnit，Commons，FitNesse，Hudson，Jericho，JAMWiki，JSPWiki）进行了分析，观察到的现象是，测试驱动开发对降低代码的综合复杂度的效果达到31%，其中 McCABE 圈复杂度的降低幅度为 26.18%。

3. 代码单元之间的复杂度

代码单元之间的复杂度通常用耦合关系来度量。耦合度有多种统计方式和响应的指标。CheckStyle 里用的是类数据的抽象耦合（DAC-Class Data

---

[1]　http://www.enerjy.com/blog/?p=198

[2]　Watson & McCabe, 1996

[3]　McCABE, 1976，p11

[4]　Hilton, 2009

Abstraction Coupling）和类的分散复杂度（ClassFanOutComplexity）。

类数据的抽象耦合（DAC）检查的是"一个类中建立的其他类的实例的个数。这种类型的耦合不是由继承而引起的。一般而言，任何一个抽象数据类型，如果将其他抽象数据类型作为自己的成员，那么它都会产生数据抽象耦合（DAC），换句话说，如果一个类使用了其他类的实例作为自己的成员变量，那么就会产生数据抽象耦合。"[1] 这个数值表示一个类里面有多少数据结构依赖其他类的定义。

类的分散复杂度（ClassFanOutComplexity）是一个类依赖的其他类的个数。这个数字对于维护的工作量有一定的指示性意义[2]。

类数据的抽象耦合（DAC）记录的是实例的个数，而类的分散复杂度（ClassFanOutComplexity）记录的是类型的个数，这两类依赖越多都意味着系统其他部分变化对这个类产生影响的可能性越大。

在 Sonar 里常用的一个指标是包耦合指标（Package Tangle Index），包耦合指数反映了包的耦合级别，最好的值为 0%，表示包之间没有圈依赖；最差的值为 100%，意味着包与包之间的关系特别的复杂。

4. 代码单元内聚度

内聚度的一个指标是缺乏内聚的方法数量（LCOM4– Lack of Cohesion of Methods）。这个指标的目的是统计违反单一职责原则的代码。它度量的是一个类中相互独立的方法组的数量，相互独立指的是两组方法既没有使用共同属性，也没有是调用相同的方法[3]。只有 LCOM4 为 1，才说明这个类只有一个职责，否则就是有多个职责，应该重构分解成多个类达到单一职责的设计目的。

下面图 10-4 是 Sonar 中对开源项目 Apache Jackrabbit 的圈复杂度、包耦合度和 LCOM4 指标的一个统计，从数值来看，其代码复杂度在各项指标上来讲都算是不错。

1　http://checkstyle.sourceforge.net/config_metrics.html。

2　http://checkstyle.sourceforge.net/config_metrics.html。

3　http://www.aivosto.com/project/help/pm-oo-cohesion.html#LCOM4。

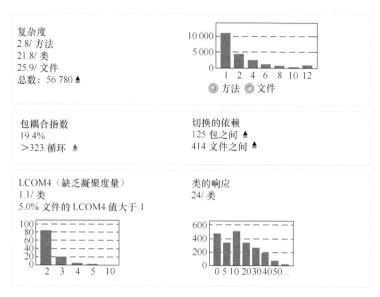

图 10-4　代码复杂度状态

5. 潜在缺陷检查

我们在评审代码的时候，有时候会在代码层面发现一些很低级的问题。可能导致这些问题出现的原因多种多样：

- 团队和个人的能力经验比较薄弱；

- 在赶工、快速堆砌功能的时候，经常会来不及或是忽视代码本身的优化；

- 团队缺乏相关的代码规范。

开源质量检测软件 PMD[1] 对 Java 代码中这些相应的问题归类是如表 10-1 所示。

表 10-1

可能的缺陷	- 空的 try/catch/finally/switch 语句
死亡代码	- 没有被用到的变量、参数和私有方法 - 在循环和条件语句里，不可到达的代码段
次优代码	- 不经济地使用 String/StringBuffer
过于复杂的表达	- 不必要的 if 语句，可以用 while 循环替代 for 循环
重复代码	- 拷贝粘贴代码意味着拷贝粘贴缺陷

---

[1]　http://pmd.sourceforge.net/。

还有一些低级错误是可以通过这样的代码静态检查快速识别的，比如：

- 空对象，空指针的引用；

- 未处理的异常；

- 并发中可能的死锁；

- 数组的长度小于 0；

- 除以 0；

- I/O 没有被关闭。

10.3 开发节奏

最后，一些节奏性指标也能对产品的质量趋势提供指示性的信息。

- 构建成功率——构建成功率高意味项目后期的风险降低，分解到构建的各个环节，则又包含了编译通过率、代码规范通过率、测试通过率、集成频率······

- 产能趋势——大幅波动的开发速率通常意味着开发过程中的瓶颈，或是技术 / 过程中的障碍，我们可以通过观察迭代产能来了解这方面的情况。

10.4 测试代码中的技术债

除了代码本身以外，自动化测试所形成的质量保护网也应该被认为是产品交付物不可分割的一部分，因而测试代码的质量逐渐也被提到了功能代码一样的高度上来。自动化测试脚本的规模一旦达到一定程度，其内在质量跟生产代码一样，对系统的维护成本，以及后续开发的节奏，会产生直接的影响，因此像对待功能代码一样有策略地设计、编写和管理测试脚本，就变得非常重要。

跟生产代码可能有些区别的是，测试代码还有一些额外的复杂度。我们在用自动化脚本做基于用户界面的功能测试时，或是在环境复杂、依赖繁多的条件下做系统边界测试时，比如异构系统集成的场景，经常会遇到莫名其妙的问题。处理不稳定的自动化测试所带来的成本，经常成为我们决定是否在某个方面进行自动化投入的依据之一。

10.5 度量呈现

使用开源软件 PMD、FindBugs、JLint、ESC/Java 等静态检查工具，对代码中"错误模式"的探测，可以在第一时间消除很多低级错误。现在已经有了像 Sonar 这样的集成的质量管理开放平台，Sonar 的策略是通过 Plugin 的方式，将 CheckStyle、PMD、FindBugs 等各种质量检查工具都集成起来，用统一的 dashboard 将一个软件产品的质量状态和历史趋势呈现出来。

Sonar 对开源项目 Apache Jackrabbit 内容管理平台的质量监测面板 [1]，展现了种类丰富的关键质量数据，其中跟代码质量相关的关键数据有：

- 复杂度数据（方法、类、文件级别）等，见图 10-5；

- 合规状况（合规比例、违反预定规则的数量），现在的静态检查工具都能够通过定制规则，帮助团队和组织定义自己的代码风格和规范，图 10-6 列出一份违规问题数量趋势；

- 测试覆盖（代码行覆盖、分支覆盖），测试运行成功率，图 10-7 列出一份测试覆盖趋势。

Sonar 的呈现策略是把数据分成几个视图：当前状态快照、数据趋势、问题热点。

除了前面已经例举的代码复杂度状态和代码规模状态的快照，Sonar 还保存有各种历史数据，除了 dashboard 上的代码行数和测试覆盖率的历史数据，在 Time Machine 报告里还可以看到违规等其他指标的历史数据。

	2009-05-31	2011-12-1+3 2.4-SNAPSHOT	2012-07-07 2.6-SNAPSHOT	
复杂度	46 935	56 037	56 780	
复杂度 / 方法	2.8	2.8	2.8	
复杂度 / 类	21.7	21.7	21.8	
复杂度 / 文件		25.6	25.9	

图 10-5 代码库复杂度

---

[1] http://nemo.sonarsource.org/dashboard/index/31401?did=16。

	2009-05-31	2011-12-13 2.4-SNAPSHOT	2012-07-07 2.6-SNAPSHOT	
违规	9 645	11 600	11 876	
阻断违规		0	0	
严重违规		0	0	
主要违规		9 679	9 913	
次要违规		749	772	
加权违规		29 786	30 511	

图 10-6　违规问题数量趋势

	2009-05-31	2011-12-13 2.4-SNAPSHOT	2012-07-07 2.6-SNAPSHOT	
覆盖率	25.6%	31.1%	31.4%	
代码覆盖率		31.0%	31.3%	
分支覆盖		31.6%	31.9%	
单元测试成功（%）	99.8%	100.0%	100.0%	
单元测试失败数	0	1	0	
单元测试错误数	6	0	0	
单元测试持续时间	17:01 min	15:47 min	19:05 min	

图 10-7　测试覆盖趋势

Sonar 另一个有意思的特性是热点（Hotspots）功能（见图 10-8 和图 10-9），通过列出无测试覆盖的代码、测试时长、复杂度、重复代码等方面排名靠前的类，揭示系统中在各个方面最值得注意的代码。

Highest complexity		更多
RepositoryServiceImpl	689	
NodeImpl	642	
NodeEntryImpl	365	
NodeImpl	348	
RepositoryServiceImpl	320	

图 10-8　复杂度热点图

热点 单元测试持续时间		更多
TokenBasedLoginTest	1:49 min	
RankTest	1:09 min	
UserManagerSearchTest	1:07 min	
AutoFixCorruptNode	1:05 min	
SerializationTest	52.7 sec	

图 10-9　单元测试热点图

此外，我们还可以根据自己的关注点定制一些简单的工具，获取综合性的数据呈现。我的一位同事 Erik Doernenburg 在他的一篇博客里推荐了一种简单的代码毒性图来展示一个项目在代码层面的中毒深浅[1]。中毒指标是借助开源软件 Checkstyle，综合项目代码的多个静态检查指标数据而得到的。我用同样的手法对 Checkstyle 的源代码做了一个同样的分析得到了图 10-10。

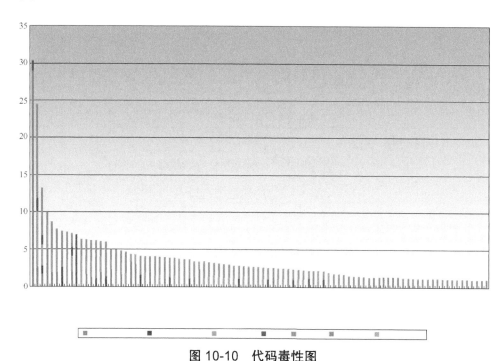

图 10-10 代码毒性图

这个柱状图中，每个柱子都代表一个 Java 类的中毒数据，每种颜色代表了在某个静态检查指标，而颜色柱的长度则代表了这个类在这个特定指标上的中毒深浅。中毒深浅的数值计算是基于表 10-2 列出来的指标和其对应的阀值。

表 10-2

指标	层面	阀值
文件长度（File Length）	file	500
类的分散复杂度（Class Fan-Out Complexity）	class	30

---

[1] http://erik.doernenburg.com/2008/11/how-toxic-is-your-code/。

续表

指标	层面	阀值
类数据的抽象耦合（Class Data Abstraction Coupling）	class	10
Anon Inner Length	inner class	35
方法长度（Method Length）	method	30
参数个数（Parameter Number）	method	6
圈复杂度（Cyclomatic Complexity）	method	10
if 嵌套（Nested If Depth）	statement	3
try 嵌套（Nested Try Depth）	statement	2
布尔表达式复杂度（Boolean Expression Complexity）	statement	3
Switch 忘记 Default 标签（Missing Switch Default）	statement	1

　　在运行 Checkstyle 之前，我们应该根据上表为每个指标设定相关的阀值。每当 Checkstyle 发现一个超越阀值的情况，就会记录下来。我们以图中第三列的 Checker.java 为例，Checkstyle 发现了 3 个超过 30 行代码的方法，其中有一次是 48 行，48/30 = 1.6，我们就给这个指标记下一个 1.6 的分数，3 次的分数加起来是约是 6.4 分，这就是 Checker 这个类在方法长度上的总得分。另外，Checker 在布尔表达式复杂度上得 1.7 分，类数据的抽象耦合 1.1 分，圈复杂度 2.9 分，文件长度 1.2 分，加总得到中毒程度分值为 13.2 分。Checker 得分状况如表 10-3 所示。

表 10-3

1.178	FileLength	Checker
1.1	ClassDataAbstractionCoupling	Checker
1.067	MethodLength	Checker
1.6	MethodLength	Checker
2.9	CyclomaticComplexity	Checker
3.7	MethodLength	Checker
1.667	BooleanExpressionComplexity	Checker

10.6　小结

研究表明，在代码检查工具（比如 PMD）中设定相应的规则，能够比较好地对应到 ISO/IEC 9126 和 ISO/IEC 25010 质量模型中的质量属性[1]。团队应该就产品的内在质量形成共识，并将规则用 CheckStyle、FindBugs、PMD等工具固化下来，用自动化构建设施反复检查。对于新开发的系统，要求严格的团队可能会把门槛设定在零违规、零缺陷上，而对于在现有系统上的增量开发，由于很多系统可能已经存在数以千计的违规和问题，则应该设置违规和缺陷的上限，要求团队在每次合入代码的时候，系统质量应该朝正向发展，而绝不能恶化。

图 10-11 是我们一个咨询客户试点项目相关内部质量管理的一部分。数据来自 FindBugs 记录，从图中可以看到，项目一开始的时候，产品中有近 3400 个问题，其中最严重和严重问题有 143 个。我们跟团队一起设定了一个"紧箍咒"策略，要求每次合入代码后，检查出来的问题数只能小于等于上次构建的结果。图 10-12 是试点开始后的潜在问题数的记录。我们可以看到问题数开始两周里快速下降，实际上在最初几天里，团队解决了最严重的两类基本的问题，将优先级较低的两类问题数稳定在了一个勉强可以接受的水平。团队准备在下个阶段提高质量的要求，将危害较低的另一些类别的问题也彻底解决，将问题数再下降一个台阶。

图 10-11　代码问题严重性分布

1　　B´ans´aghi, E´zsi´as, Kov´acs, & T´atrai, 2012

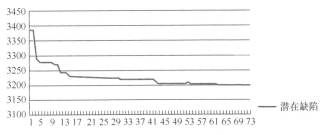

图 10-12 潜在缺陷趋势图

我们应该在团队里,尽可能用各种直观的手段,将质量标准和质量状况可视化出来,比如将这些检验加入到持续集成的构建步骤里,并用熔岩灯(见图 10-13),显示器将构建结果醒目地呈现出来。我们还应该每隔一段时间,在团队的回顾当中对团队的质量规范进行重新讨论,一方面根据产品和团队的当前状况,重新调整相关的规范,另一方面这也是在团队内部对质量重新达成共识的一个过程。

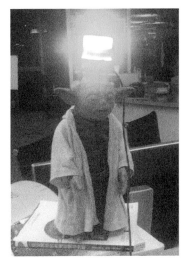

图 10-13 熔岩灯

技术债是越低越好吗?

最后需要提醒的是,跟金融财务里的债务一样,技术债的偿还代价跟持有债务的周期是相关的,也就是说,是个利滚利的过程,欠债越久,代价越大。因此,当我们在判断是否需要立刻偿还技术债的时候,首先要权衡的是这个软件的生命周期有多长,这个债我们要背多久。就像前面"第6

章 交付价值"中描述的创新领域产品开发一样,如果相当比例的产品或特性的生命周期都很短,比如 2 ～ 3 个月,短到在技术债务产生显著影响之前就可能被废弃,抑或是跟响应速度的要求相比,推倒重来的代价和风险相当低,比如在移动开发领域,很多小应用的开发周期就是 1 ～ 2 人开发 1 ～ 2 个月,这种情况下,技术债务或许是个可以忍受的包袱。

第 11 章

外部质量

"关于质量：踩灭火焰，自动化，电脑化，目标管理，引入绩效工资制度，给员工评级，尽最大努力，零缺陷。错了！！！！遗漏的要素是：渊博的知识。"

"质量是每一个人的责任。"

——爱德华兹·戴明（1900—1993）

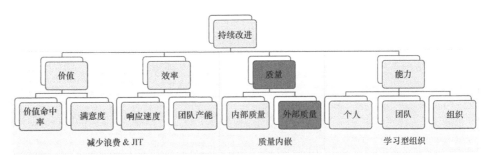

图 11-1 指标体系框架 [1]

　　管理人员总是需要在资源有限的情况下，满足响应速度和产品质量的双重要求。不过我们观察到，虽然很多公司都已经在流程里计划了完备的质量保障活动，但仍然没有取得最终的高质量产品。

　　我们总是被要求要提高产品的质量，可是对"怎么高才算高"却经常只是有个模糊的感觉。有时候我们听到了用户的抱怨，但不知道这只是偶然现象，还是已经对用户粘度、市场的占有率造成了负面影响，让竞争对手有机可乘，因此需要马上采取行动；有时候觉得做了不少质量保障活动，却

---

[1] 本章内容在指标体系框架中的位置如图11-1所示。

不知道是否起到预期的效果。要提高质量首先就要知道当前产品的质量状态，我们面临的这些困境，大多是因为缺乏相关的度量信息，以至于无法准确判断产品的质量状态，未能有效评估质量保障活动是否到位，难以合理计算投入和产出如何。下面我们分别讨论：

- 如何度量产品质量；

- 提升开发过程的质量。

11.1　度量产品质量

从最终用户的角度讲，不同的人对于同一个软件的质量也会有不同的定义，由此可见，对质量的感受非常依赖使用产品的场景。我以前使用 Evernote 做读书笔记、记录心得的时候，觉得 Evernote 是个几乎完美的产品，到哪里都可以用任何设备随手记录下文字、图片和声音，还可以非常便捷地检索和阅读。在开始撰写本书的时候，虽然明知 Evernote 不是用来写作长篇大论的，不过曾经优越的使用体验加上我自知只能用零散的时间来写东西，这两个因素还是诱使我决定在 Evernote 上开始了本书的写作。这次的体验就完全不同了，虽然 Evernote 似乎具有我想要的所有基本功能，不过用起来还是别扭，排版束手束脚，导出笔记本不能按标题排序，甚至连 Ctr-Z 的回退功能似乎也时灵时不灵。这个例子可能有些极端，不过可以肯定的是，同一个软件在不同应用情景下的表现可能会有很大的差异。

即使在一个公司内部，市场人员、研发主管和售后支持对质量的期望可能也有不同。就以上面的例子推想一下，Evernote 的市场销售人员可能会认为应该满足我在 Evernote 上撰写长篇大论的要求，扩大产品的应用范围、拓展收入来源；而从研发主管的角度来讲，他可能觉得我这样钻牛角尖的用户很少，没必要为了我这样的异常案例而在相关特性上投入太多；从售后服务的角度来讲，如果我因为遇到的这些问题不停打电话、发邮件骚扰服务团队（我暂时还没那么干），售后人员肯定也会有个印象，说这个产品的质量是不是出了什么问题，当然另一个可能得出的结论是这个用户是不是疯了。

Gerald Weinberg 在他的《质量·软件·管理——系统思路》中认为"质量就是对某个（某些）人而言的价值"[1]，因此在讨论质量的时候，一个不能摆脱的问题是，到底是谁的需求应该被首先考虑。Weinberg 认为，在软件开发组织里大多数与质量相关的决策过程中，"行政"和"情感"的力量会起到重要的影响作用。所谓"屁股决定脑袋"，人所处的角色，包括其在开发活动中与其他角色的利益关系，其与用户之间的关系，都将影响他们在当前质量状态上的看法，以及对质量相关活动的投入产出的评价。

11.1.1 用户满意度

在本章的质量度量上，我们将关注点落到一个相对简化的群体——外部用户，讨论用户对质量状态的最直接体现——用户满意度。满意度是产品交付到用户手中，用户直接使用之后的感觉和反应，通常有**直接**和**间接**两种方式来度量。

直接方式是试图直接度量用户正面和负面的反应。我们通过收集产品采纳度（Adoption Rate）相关的数据评估用户的反应，正面反应的指标可以是有多少新客户开始试用、开始付费购买，或是升级一个新版本的软件；而负面指标可以是多少用户在试用后放弃购买、付费用户停止使用产品、现有用户迟迟不愿升级产品。这些反应都有清晰的行为状态的变化，很多公司都有相关的系统，记录潜在用户和当前用户的行为状态，这些数据都可以比较容易地自动获得。

在另外一些情况下，用户满意度的变化即使还没有引起直接的用户状态的变化，我们也应该想办法建立及时的反馈机制，评估用户的动态。在B2B 领域，几个客户的离开就可能对公司的业务产生重大的影响，如果我们只有用户开始抱怨，甚至开始离开才做出反应，显然就有些太晚了，因此企业必须时刻感知付费用户对正在使用的产品和服务的满意度，暴露导致满意度下降的问题，分析原因并及时采取措施。

---

[1]　杰拉尔德·温伯格, 2004, 页8

> 曾经有一个投资银行客户，我们为其开发一个完全定制的 CRM（Client Relationship Management）系统。在一年半的合作过程里，为了应对客户在全球其他区域的业务拓展、业务和客户类型的日益丰富，我们逐渐调整发布节奏，从 3 ～ 4 个月一个大版本的发布，后来达到每 2 周一个小版本的发布。在这个过程当中，我们默认把对市场的响应速度当成了最高优先级的目标，这也是在项目开始时跟客户方的项目干系人达成的共识。
>
> 这个系统有一个复杂之处在于客户端跟客户的邮件系统和电话系统的集成。这两个集成点始终不太稳定，但由于故障是间歇性随机发生的，很难预测，我们和客户的项目主管都有意无意地忽略了，至少是低估了现场用户们时不时遇到使用障碍时产生的沮丧情绪，新特性和增强特性始终排在优先级列表的上方。类似的这些现场问题引起的抱怨日渐积累，最后外部经济环境急剧恶化成了压倒项目的最后一根稻草，产品的开发被最后终止。

在企业软件市场，这样的信息传统上用采样调查的方式获取，数据的收集周期较长，一般是每年才做一次。但在现在的互联网类的软件，或是 SAAS 的软件，用户满意度的调查周期就会大大缩短。频率也可以做到每次有新特性或变更出现，就有可能通过邮件或在线问卷的方式来做采样调查。

不过对于接受调查者来讲，问卷是个颇不受欢迎的方式。一方面费时较多，而且由于这种调查缺乏对被调查者的反馈，他们不认为问卷的结果会跟自己有什么关系，也不认为填不填会对自己产生什么影响，会有什么直接价值，因此一般回应的比例很低，填写的人大多数也都是草草了事。有个来自 Bain&Company 的聪明顾问发明了一种只有一个问题的调查问卷："你是否愿意向他人推荐这项产品或服务（1-10 分）"。这个问题能相当有效地度量个体对产品或服务的直接感受，不过大多数受访者连一个问题的问卷都没兴趣回答，而且这样的调查无法揭示分数高低的原因，因此经常不足以推动任何决策。

对于企业市场，如果条件允许，我的建议还是抽取小批量受访者，以面对面访谈的形式获取一些具有上下文的资料，比如，最让人愉悦的几个软件使用场景，最让人沮丧的几个使用场景等等。样本数量不一定多，但能获取更有价值的信息。

在消费市场，利用社交网络的评价作为用户满意度调查的一个手段已经日益重要。通过社交网络发起问卷，或是利用 Web 分析工具收集并分析 Twitter/Weibo 和其他社交网站上的产品相关发帖和评价。虽然这些信息大都不是结构化的数据，不过有些公司通过不同的分析方法和算法，已经能够从中挖掘出有价值的信息、规律和趋势。

另外在社交网络的时代，企业在消费者群体优先级的判断上也发生了变化。以往我们看的是某个消费者付了多少钱，有多大的购买潜力，现在，某个消费者在社交网络上的影响力成为企业对其关注程度的重要依据。在社交网络上拥有高影响力的用户，他们的满意度将有可能影响相当大一个潜在消费群体的购买决策。

最后要注意的是，软件产品本身只是影响用户行为和感受的一个方面，其他比如支持维护的水平、公司定位等等，都会对特定用户的满意度产生影响。比如我写这本书的时候，其实我就不是 Evernote 公司的目标用户，我的感受和行为其实某种程度上是 Evernote 的产品定位的结果。

11.1.2　产品可靠性

除了衡量用户在使用产品时的行为和感受，用户满意度还可以间接地以用户感知的产品可靠性和故障成本来衡量。

可靠性是指在特定的使用场景下、特定的环境中、特定时间段内，系统不出故障的概率。这里的使用者可以是具体的人，也可以是另外一个通过某种方式（可能是网络协议、系统调用、进程间通信等）跟被考察系统有交互的系统。

我们一般用来自用户的缺陷和问题数及其严重程度，间接地度量用户对产品可靠性的感觉，因为这些问题代表了用户经历的痛苦（用户发现故障）的次数和程度。一个计算方式是，故障次数除以产品规模（通常以功能点或用例点为单位衡量）和产品被使用的程度（可能是用户数、用户使用时长、page view、部署数量等等），这里的统计当然还应该是以一定时间段作为基准。产品可靠性 = 用户发现的缺陷数 / (产品规模 * 产品使用程度)。

统计表明，可靠性和缺陷密度之间存在很强的正相关关系。观察一个软件系统潜在缺陷，通常是用缺陷密度（Defect Density）的历史数据，一个例子是千行代码缺陷数（Defects per KLOC）。

11.1.3 故障成本

软件发布之后，由于质量问题带来的用户满意度的影响，这其中有可以用金钱度量的，比如支持维护和损失赔偿等带来的成本，也有不能直接用金钱度量的。有的软件问题可能只是让用户感觉不稳定，磕磕绊绊；另外一些问题则可能造成财产，甚至生命的伤害。故障成本通常决定了我们愿意在防范和排除缺陷上做出的投入。故障的统计指标可以包含：发布后 1 周，1 个月，一年，二年，三年……的缺陷的数量、严重程度、解决周期、解决累计成本（时间）。

另一类统计指标是缺陷影响到的用户、用户群的数量或比例，以及用户的优先级。一个特性的失灵，其影响到的是所有用户还是少数几个用户，是高级用户（很多软件公司根据 SLA、用户的规模、用户付费量，或其他因素，会把用户群分成几个等级，比如白金、黄金、白银等）还是普通用户，这些因素的不同使问题在市场上的影响也会产生差异。

11.2 提升开发过程质量

用户满意度的反馈周期相对来说会比较长，等着用户用脚投票，会使公司在业务陷入重大危机之前来不及采取行动，因此在开发过程中，我们就应该获得足够的证据，表明产品在发布前已经具备了足够的质量水平。开发过程的质量是产生可预见的产品质量的基础。

很多团队都在抱怨，他们在所谓的测试阶段根本没有时间完成计划内的质量保障活动，或是来不及修复已发现的缺陷就要发布了，也就是说，我们有时候到了项目的后面阶段，才发现不得不面临进度和质量之间的取舍。虽然我们并不需要真的把所有缺陷都修复才能发布，但这种取舍并不是根据缺陷本身的优先级和产品的质量保障策略做出的，是由于测试周期的不确定而被迫做出的妥协。要改善这种情况，我们需要回答下述几个问题。

- 能在多大程度上防范缺陷的注入？

- 是否能更早发现和解决缺陷？

- 曾经验证质量完好的特性是否被新的变更破坏？

11.2.1　缺陷防范

防范缺陷的主要手段是根据故障的来源来采取行动，降低故障引入的概率。根据来源，常见的可能防范的缺陷主要来自 3 个方面，如下所述。

（1）由于技术或是业务能力不足而引入的缺陷，通过学习、能力提升来防范。我们将在第 12 章探讨个人和组织的能力提升。

（2）不必要的复杂度提高了引入问题的可能性，降低复杂度，就可以减少人们犯错的机会。比如在可能的情况下用高级编程语言代替较复杂的编程语言，使用成熟的平台、组件，而不是试图自己完成所有的东西。在特定的开发场景下，开发语言和平台的选择一般都没有什么灵活性，那么就像前面"第 10 章 内部质量"讨论的，所要做的就是控制代码本身的复杂度，使其易于理解和修改。

（3）在沟通中，信息的丢失或是误解也是造成问题的主要原因。这样的问题通常发生在对用户真实需求的发现、理解和定义过程中，在不同的工作环节之间的传递过程中。比如业务分析和开发之间的误解，导致开发出来的功能不是客户想要的，还有的情况是测试所说的缺陷，开发却认为是特性，对于这类问题的防范手段主要有：

♦ 包含多种角色参加的分析、设计 Workshop；

♦ 各种将分析、设计结果具象化的手段，比如：手绘概念原型，高、低解析度的设计原型，验证性的代码和测试；

♦ 使用系统化的分析、设计方法：比如：用户旅程（User Journey），结构化的需求分析技术，架构设计技术（比如风险驱动的架构设计）；

♦ 使用 ATDD，Specification by Example 等手段，及早引入测试人员。

缺陷的防范是一个反馈的过程。我们应该定期从测试或用户报出的缺陷当中抽样选取一些典型或严重缺陷，运用 5 个 why[1] 这样的技术，分析是否可以通过上述的方式来防范。而要度量我们在多大程度上防范了缺陷，实际是度量这个反馈机制的有效性。针对已被分析过，并已经采取防范手段的问题类型，我们应定期回顾新出现的缺陷里是否有类似缺陷。对于一个团队来说，这是一个学习的过程，不要让缺陷只是一个记录在数据库里的记录，而是变成团队的知识。所谓"不要在同一个地方跌倒两次"，犯两次同样的错误是巨大的浪费，所谓团队的成长，也在于此。缺陷防范反馈过程如图 11-2 所示。

图 11-2　缺陷防范反馈图

11.2.2　更早发现缺陷

缺陷的排除其实也是一个反馈的过程。单个故障的排除成本通常跟这个反馈周期的长度有关，周期越长，成本越大。因为：

（1）发现问题和解决问题的人，通常不是将问题注入的人，上下文的缺失导致解决成本的增加；

（2）缺陷注入后，在有缺陷的产物上进一步加工，可能使得问题被越埋

---

[1]　Liker & Meier, 2006, 页341

越深，使得问题的定位更加困难，也可能使解决问题所需做出的改动或是改动影响的范围增大。

瀑布模型的质量保障活动针对的是不同阶段的交付产物，典型的阶段性交付保障活动包括：

- 需求评审；
- 设计评审；
- 代码评审；
- 单元测试；
- 功能测试；
- 回归测试；
- 性能测试；
- 系统测试；
- 外部 Beta 测试。

虽然瀑布模型里强调对各个阶段的产品都应该有严格的验证活动，并且也有统计数据说明，合理的审查活动和测试一起，可以有效地减少质量保障活动的成本。据统计，85% 的缺陷可以在测试前通过审查发现，这样可以使测试周期缩短超过45%[1]。但我们实际观察到，在大多数组织当中发现缺陷的时间通常都相当滞后。由于评审、走读之类的活动很难留下可重用的资产，在实际操作中，通常只会以增量的方式，针对发生变更的部分来做。但是，虽然我们有各种各样的技术手段降低模块和模块间，子系统和子系统间的耦合，我们仍然很难仅凭阅读发生变化的一部分代码，就判断出系统其他部分可能受到的影响，最后的结果就是仍然把测试作为最主要的缺陷发现方法。

如图11-3所示[2]，测试主要发生在产品开发的后期，全部编码完成之后，

---

[1]　JONES，2008，页436
[2]　JONES，2008，页499

而软件的成本风险和延误通常来自测试阶段和维护阶段的不确定性，因此也可以称作是软件开发周期当中的混沌区。

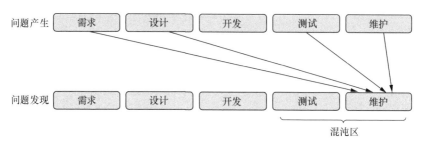

图 11-3　瀑布模型的问题反馈机制

虽然很多比较成熟的软件开发组织都会要求通过根因分析（Root Cause Analysis），识别缺陷的注入是发生在软件生命周期的哪个阶段，为未来的防范措施提供依据。缺陷排除效率（Defect removal efficiency）常被用来衡量传统软件开发中质量保障活动的效率。缺陷排除效率统计各个质量保障活动中发现和修复的缺陷数，计算软件交付到客户或用户手中之前潜在缺陷被排除的比例，引导组织在更早的阶段发现问题。在实际操作中，大多数组织只是会记录缺陷的发现和修复时间或阶段，少有人会分析缺陷的注入时间和场景。此外，这样的数据反馈周期通常至少是一个版本的周期，但是如果版本的周期比较长，比如几个月。这些数据对下个版本所能起到的指导意见就非常有限了，因为不同版本的开发内容可能不具备可比性，甚至参与的人也大有不同。这些数据多是为了完成流程的规定而记录，除了流程改进部门，又有谁会真正去看呢？更不要说谁会去用了。

从风险管理的角度来讲，在前期的一个阶段，比如在需求阶段，即使通过评审发现较多的缺陷，只是意味着开发走在了相对正确的路上，对后面阶段注入的缺陷数量没有指示性的作用，对质量导致的进度风险也缺乏指示性作用。这是因为后面的阶段是由不同的人在干着完全不同的事情（设计、编码），产生的是不同的交付物，即使前面阶段的质量保障活动的结果不错，并不意味着产品的质量更接近发布的水平。

因此，要更早地发现和排除缺陷，意味着必须加快反馈速度。如图 11-4 所示，迭代开发模型的一个重要意图就是缩短从问题产生到发现到排除的时间，从而降低成本和项目的风险。

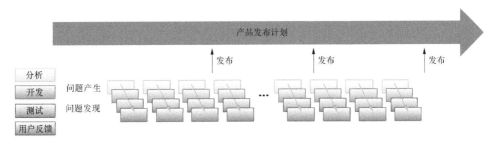

图 11-4　迭代开发模型的问题反馈机制

我们检视一下常见的团队层面的质量保障活动：

- TDD/ 单元测试——功能代码完成的同时，达成接近全面的单元测试覆盖；

- 结对编程——持续的代码走读过程，实时的反馈；

- 团队代码走读——发现跨模块、跨特性问题的手段之一，但又是知识共享的过程，在团队范围内对质量达成共识的机会；

- 用户故事验收测试——在用户故事 DoD 层面的缺陷排除；

- 回归测试——在迭代或是版本发布 DoD 层面的缺陷排除。

这些质量保障活动之间没有什么依赖，因此既可以全部使用，也可选择性地使用。如图 11-5 所示，从开始编码，可以通过不同的路径到达集成回归测试或是系统测试。然而团队在选择路径的时候，需要知道忽略某项或某几项实践所产生的代价，就好像没有结对编程，团队就需要另想办法解决知识传递和代码走读的问题。TDD 跟很多开发人员的习惯和直觉冲突，如果没有人辅导，上手有一定难度，在初期的学习成本颇高，而且在短时间内，比如在一个版本内，很难观察到正面的收益。但是如果不使用 TDD，单元测试就对完成功能不直接创造价值，成了额外的活动，开发人员缺乏动力增加和维护动力，这意味着建立完善的单元测试保护网会变得极为困难。我们曾经见到一个产品开发团队辛辛苦苦把测试覆盖率从 0 补到 60% ～ 70%，开发进度紧张起来后，团队开始疯狂地赶功能，单元测试失

败后，有人就不再修复。从一个两个开始，后来大家就全都放弃了修复和
补充测试用例，直接把失败的测试注释掉，到版本开发完毕的时候，还在
运行的单元测试已经所剩无几，简直就是破窗理论的完美再现。每个版本
周而复始。这样的单元测试对质量保障基本没什么作用，只是为了满足上
级或流程的需要。

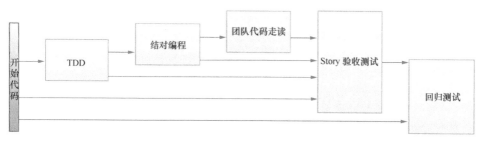

图 11-5　多层质量保护网

软件开发的质量保障活动对应的在不同的 DoD 级别上（特性 / 用户
故事、迭代、发布），每个 DoD 级别的质量保障都针对的是软件本身，
即可工作的代码。各级 DoD 里包含的质量保障环节越提前，越全面，意
味着发现缺陷的机会越早。理想情况下，我们应该在迭代内结束的时候，
使软件的质量达到可以发布的状态，因此提升的牵引方向就是接近这个
水平。用 DoD 牵引质量保障活动的提前示意如图 11-6 所示。

图 11-6　用 DoD 牵引质量保障活动的提前

在特性 / 用户故事的层面，如果开发和测试是在一个团队当中，甚或
是团队开发人员本身就具备技能完成这个层面的测试和其他质量保障活动，
一个用户故事的开发和验证周期应该在几天之内就能完成。这个层面的验
证活动跟开发的结合非常紧密，就好像传统开发当中的程序员自检一样。

如果发现了缺陷，大多数时候，测试人员会直接在看板上把用户故事卡片移回到开发状态，立刻跟开发人员面对面沟通出现的问题。如果为了避免遗忘，可能只是在用户故事卡片上贴上关联的缺陷卡片或贴纸，一般不会把这些问题计入问题库来跟踪。一般的问题库都有信息完备性的要求，需要记录各种信息的各种属性，问题入库花的时间比当面沟通或写张卡片要长，降低了团队内部的协作效率。更糟的可能是，这个动作就好像一个仪式一样，把测试和开发人员的注意力从共同完成一个用户故事这个目标转移开，增加不同角色之间的隔阂。

在迭代 DoD 通常都应该已经完成了功能测试，假如我们有比较完备的持续集成设施，集成测试这个环节应该被纳入在日常开发的持续构建当中，而回归测试则很大程度上依赖系统测试的自动化率。完成了迭代 DoD 的验证活动，一定程度上意味着迭代内计划的特性已经初步具备了发布的条件。

迭代的遗留缺陷，也就是说发现而没有被修复的缺陷是我们应该关注的指标。这些缺陷像债务一样，如果不及时修复，其修复的成本只会随时间而逐渐增加。对于一个包含一定数量特性的版本而言，如果我们能有效完成迭代 DoD 层面的验证活动，并有效控制遗留缺陷的数量，就能较为准确地预测本版本剩下的工作量和时间。遗留缺陷趋势图如图 11-7 所示。

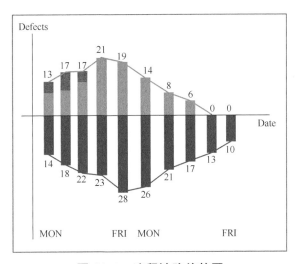

图 11-7　遗留缺陷趋势图

11.2.3　减少回归缺陷

曾经验证质量完好的特性是否被新的变更破坏？软件行业里绝大多数的项目都是在现有产品上的代码库上进行开发。虽然软件设计领域有很多技术手段，用以降低耦合、隔离问题的影响范围，但是只要是在缺乏代码上下文的情况下做出的变更，不可避免地就会引入风险。代码的上下文，包括设计决策、修改原因、需求场景，以及跟周边代码的耦合关系，有些可以在各种不知是否过时的文档里找到，多数情况下则是保留在某个开发人员的大脑的某个角落，更多的就被遗落在历史的长河里（软件项目的历史长河可能也就只有几个月长，不过已经足以磨灭很多记忆了）。

对于曾经正常工作的软件特性，如果突然发生问题，会使用户格外郁闷，使用户对软件开发的可靠性产生极大的信任问题。这种信任感的下降会显著影响客户的满意度。我们一方面应该统计导致老特性不能有效工作的新缺陷数——回归缺陷数，另一方面，构建针对已有代码的保护网，在代码更改造成预期外的行为变化时，能及时报警，使开发人员能马上检查问题原因并处理。

前面提到了的一系列质量保障活动，这些活动的一个重要目标是建立多级的测试体系，这样的测试体系通常是以如下三层保护网的形式而存在（见图 11-8）。

图 11-8　测试金字塔

- 单元测试：单元测试是在代码层面上，也就是一般意义上的白盒测试，单元测试作为运行成本较低，能以最快地速度提供反馈，告诉开发人员代码是否达成了意图。

- 功能测试：功能测试可以是在故事层面，也可以是在特性或是 Epic 层面，主要是从用户的角度，或是从系统外部的角度来进行系统行为的验证。

- 系统测试：这里的系统测试更多指的是完整业务场景的测试，可能是跨模块、跨子系统，一般包含多个功能的集合。在大规模系统中，这一层还可能包含了一个叫集成测试的环节，集成测试的目的是确保分别开发的多个模块、子系统能够在一起工作。

我们需要在软件的整个生命周期范围内，寻求降低测试的总体成本，最大化测试的效益策略。度量质量保障活动的成本可以分成 3 个部分：

- 准备成本——准备评审（阅读相关资料），设计测试用例，编写测试脚本；

- 执行成本——评审活动，执行测试用例，运行测试脚本；

- 修复成本——缺陷的定位，修复。

测试策略的一个重要方面是规划这个保护网每个层面上的测试覆盖率和自动化率，自动化测试的准备成本通常都高于手工测试，执行测试却远低于手工测试，是否自动化的依据主要是两个：

- 自动化这个用例的成本比只是手工执行这个用例的成本高多少？

- 这个测试用例在其生命周期里会执行多少次？

如果要想以稳定的节奏达成快速反馈、快速发布的交付目标，前提条件就是要能够低成本快速地进行全面有效的验证，因此自动化的价值就显得相当诱人。这可能也是为什么最近几年业界对自动化测试的要求似乎日益提高。对于稍微复杂一点的系统，手工测试无法承受快速增量交付的节奏，尽可能高的自动化率对快速交付规模较大或生命周期较长的产品显得就格外的重要。

市场对开发响应速度要求的日益提升，自动化测试的价值也随着日益提升。除了价值的因素，近几年硬件成本的快速下降和测试工具的日新月异，自动化测试用例的执行、编写和维护成本出现了大幅下降，这使得自动化的价值更加凸显。

相对一些商用软件和定制软件来说，电信行业里的产品发布周期一般相对较长，但即使是在这样行业里，也时不时会有紧急发布的需要。一家电信基础设施供应商在某个市场上面临激烈的竞争，客户的一个基本要求是，对于重要的 hotfix，从提出 hotfix 的要求到发布上线，周期要小于等于一周。这家供应商经过评估之后发现，在一周内完成问题的定位和解决完全没有问题，但是产品的复杂度却使得团队几乎不太可能在一周内完成较为全面的回归测试。我们了解之后发现，这个产品虽然也有自动化测试，但主要集中在系统测试层面上的一些关键场景，在功能和单元测试上相对的覆盖程度跟业界水平相比还是偏低，这可能就是这个产品团队在面临这样的竞争要求时会比较痛苦的原因之一。

单元测试通常是用实现代码相同的编程语言编写，天然是 100% 自动化的，但覆盖率目标则在每个组织、团队中都可能有所不同。功能和系统测试都是模块或系统边界上的测试，因此在场景上会有很多重合的地方，系统测试的场景经常是多个功能测试场景的组合，积极维护和优化整套用例集是降低测试成本的关键。我见到一个产品研发组织用了一个叫统一测试列表（One Test List）的策略，效果不错。其关键就是有一个统一的机构（团队或是个人），对一个产品的综合测试用例列表进行管理。

（1）规划列表里包含哪些功能测试和系统测试。

（2）测试应该在什么时候设计和运行，是否自动化，在什么时候自动化，自动化运行的频率和时机（每次合入代码 / 每小时 / 每天 / 每周）。

（3）及时重构列表和相关的用例、脚本，将功能测试并入系统测试，包括用例描述、测试数据、自动化脚本。

11.3　小结

度量帮助组织和团队观察开发过程中实际发生的活动，并将观察结果跟计划或预期相对照，了解行动的有效性。通过这样的一个正向反馈，持续学习，持续改进我们的开发方法。

度量和反馈应该成为营造公司质量文化的手段。只有质量观念融入到公司的行为模式当中，才可能对公司产品的质量结果产生根本的决定性作用。传统的研发更多关注产品的最终质量，即缺陷密度，而在一个紧密协作体系当中，研发还应该关注中长期质量问题带来的浪费——缺陷、返工、低价值特性，关注对市场的响应速度、响应的准确度。质量问题只是一个产品开发组织能力和文化的一个外部表现，所以仅仅着眼于缺陷来解决质量问题，可能的结果是"按下葫芦浮起瓢"。

质量的度量中也可能出现结果信息违背直觉的地方。我们经常说，降低缺陷的修复成本是我们提高效率和质量的手段，越往开发周期的后期，缺陷的修复成本就越高，而且是呈几何级数的增加，我们在本章和前面的第 10 章里讨论的很多手段都是通过缩短验证反馈周期，来降低缺陷的修复成本。看上去，缺陷的平均修复成本应该是越低越好，意味着修复效率高，也可能意味着系统很容易维护，容易修改。但如果把缺陷的修复成本作为一个单独的指标来看，实际上，质量越高的软件通常发现缺陷的难度越大，缺陷也越隐蔽，难以定位和修复。因此通常对于高质量的软件，单个缺陷的修复成本反而比随便一找就一堆 bug 的软件，缺陷的平均修复成本要高得多。

在对缺陷排除指标的使用当中，效率和有效性之间的平衡是我们追求的目标。根据《Applied Software Measurement》中的统计 [1]，在美国将缺陷排除率从 85% 提升到 95% 可以节省成本，并且缩短开发周期，因为延误和超支经常是来自于测试阶段发现了大量的问题。但如果希望将缺陷排除率升到 95% 以上，就需要付出额外的成本，因为必须引入更全面的审查和更苛刻的测试。如图 11-9 所示，也就是说在每个缺陷的发现成本和已经发现的缺陷跟剩余缺陷的比例之间，我们要寻求一个最适合本产品的数值。

---

[1]   JONES，2008，页437

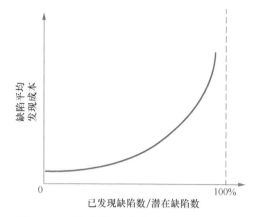

图 11-9 缺陷排除率与发现成本的关系

第 12 章

能力 – 学习型组织

"任何人只要停止学习就是老了，无论他是 20 岁还是 80 岁，持续学习可以保持年轻，而生命中最重要的事情就是保持年轻的心境。"

——亨利·福特（1863—1947）

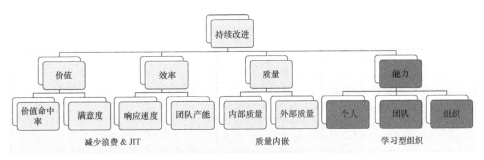

图 12-1　指标体系框架[1]

前面提到，如果把软件开发活动看做一个动态的系统，提高系统能力的一个方面是提高团队中个体的交付能力。

有人说"软件工艺"（Software Craftsmanship）的浮现只是程序员自恋、自负的表现，Bob 大叔（Robert C. Martin）的《Clean Code》[2] 一书中对代码细节的关注，更被有些人说成是吹毛求疵，是为程序员涂脂抹粉之物。如果我们看看软件业几十年的历史，这个规模现在已是如此之大，每年新加入的人数以万计，似乎早已应该是非常成熟的一个行业。当我们谈论很多

---

[1]　本章内容在指标体系框架中的位置如图12-1所示。

[2]　Martin C. R., 2008

成熟行业的优秀团队时，我们经常提起的是某个主管的管理能力、领导力；跟那些行业不同，在说起软件业一些赫赫有名的团队时，我们却很少听说某经理是多么英明，说的总是是团队中的几个高手多么彪悍，就好像当年 David N. Cutler 之于微软的 Windows Nt 团队，Linus 之于 Linux，更不要说那各领域灿若群星的开源团队中的核心贡献者。

写下《代码大全》的 Steve McConnell 在他的一篇文章里指出，精英开发人员组成的团队能够创造出数量级的不同效果[1]。他举了一个很有意思的例子，Lotus 123 版本 3 和 Microsoft Excel 3.0，这两个电子制表软件的开发都是在 1989 到 1990 年左右的时候，两家公司在功能类似的软件上，齐头并进，短兵相接。其效果是 Excel 团队用了 50 人年开发了 649,000 行代码，Lotus 123 团队用了 260 人年生产了 400,000 行代码，单从代码行数来看，两个团队生产效率差了 8 倍之多。后来两个产品的结果大家也都知道，Excel 统治了世界。这其中定然还有很多除了团队、个人能力之外的因素在起作用，产品的成败也并不完全是由开发团队的生产效率所决定，不过这些数字也还是能给大家一点参考。

既然开发人员的能力这么重要，那么是否可以针对软件开发，设计一个机制来将我们的交付能力提升至世界级的水平呢？我们现在从个人、团队和组织 3 个层面来探讨可能的做法。

12.1   个人能力

天才和英雄人物似乎可遇不可求，但我们是否有系统的方法来大幅提升团队和个人的开发能力呢？ Geoff Colvin 在《Talent Is Overrated》[2] 里认为，科学界至今并没有发现什么特定的基因是跟某项天赋联系起来的，他认为"刻意练习"才是在任何领域取得世界级水平的关键。他提到的"刻意练习"有这么几个特点：

- 为提升而特意设计；

- 持续得到结果的反馈；

---

[1]   McConnell
[2]   Colvin, 2010

- 不断重复；

- 对精神上的专注有很高的要求。

如果说刻意练习是提升能力的关键，那么我们应该刻意练习哪些能力呢？说到一个人的能力，通常受到个体具备的理论知识、天赋、动机、态度等因素的影响；而从产生的效果来看，我们主要关注以下 3 个方面的能力。

- 技术能力：解决问题，并完成任务的能力，也就是我们常说的把事情搞定的能力。

- 首创能力：产生想法，并将其实现的能力，这项能力跟主动、创新相关。

- 社交能力：与其他人协作过程中运用并发挥其技术能力的能力，比如协作、沟通、主动、辅导、领导力。

12.1.1 技术能力

软件开发中常见的技术能力有代码、设计、质量、业务、管理……我的一位同事陈金洲，有一次带领团队开始一个新项目的开发，他面临的巨大挑战是这个产品涉及到的开发技术种类繁多，开发人员对其中不少技术都很陌生。此外，他的团队非常年轻，而且新加入公司的人员比例很高，大多不熟悉公司常用的一些实践和工具。于是陈金洲和团队一起，绘制了下面的能力图谱（见图 12-2），呈现团队当前在各个技术方面的能力状态。为了迅速扭转团队能力整体不足的局面，每个成员根据自己的兴趣和项目的需要，制定自己在图谱上短期（2～4 周）和中期（3 个月）的提升点。通过定期的回顾和更新这个图谱，对团队成员的能力提升状况情况做出反馈。图谱中 3 种不同颜色分别代表了在自己在项目涉及每项技术所处的级别。

棕色（No）：我听说过，但几乎没有或很少使用这项技术，不太清楚其工作原理，以及为什么；

黄色（?）：我了解这项技术，能够使用并能进行建设性的讨论，但还不足以指导别人；

绿色（Yes）：我对这项技术有一定的经验，并能够指导别人。

	Dev 1	Dev 2	Dev 3	Dev 4	Dev 5	Dev 6	Dev 7	Dev 8	Dev 9	Dev 10
Ruby	Y	Y	?	Y	Y	Y	?	Y	?	Y
Rake	Y	N	?	Y	Y	N	?	Y	Y	Y
Gem/Bundler	Y	N	?	Y	Y	N	?	Y	Y	Y
Rails 2	Y	N	?	Y	Y	N	?	Y	N	Y
Rails 3	Y	N	?	Y	Y	N	?	Y	Y	Y
RSpec(incl. Mock)	Y	Y	?	Y	Y	Y	?	Y	?	Y
Cucumber	Y	Y	?	Y	Y	Y	?	Y	?	Y
Java	Y	Y	?	Y	Y	Y	?	N	?	Y
Git	Y	Y	?	Y	Y	Y	?	Y	?	Y
memcached	Y	N	?	Y	N	N	N	N	?	N
redis	N	N	?	Y	N	N	N	N	?	N
Codebases Structure	Y	Y	?	Y	Y	Y	?	Y	?	Y
Jetwire/FAST/DS/API field mappings	?	Y	?	Y	Y	Y	?	Y	?	Y
Build Promotion Process	N	N	?	Y	Y	N	?	Y	?	Y
Code Metrics	Y	N	?	Y	Y	N	?	N	?	Y
Performance Testing (theory)	N	Y	?	Y	Y	N	?	N	?	Y
JMeter	N	Y	?	Y	Y	N	?	N	?	Y
New Relic	N	Y	?	Y	Y	N	?	N	?	Y
Splunk	N	N	N	Y	N	N	?	Y	?	Y
Jenkins	Y	N	?	Y	Y	N	?	N	?	Y
MySQL	Y	Y	?	Y	Y	Y	?	Y	?	Y
RubyMine IDE	Y	N	?	Y	Y	Y	?	Y	?	Y
IntelliJ IDEA IDE	Y	Y	?	N	Y	Y	?	Y	?	Y
TextMate	Y	Y	?	Y	Y	Y	?	Y	?	Y
Deployment Typology	Y	N	?	Y	Y	N	?	Y	?	Y
Apache / Passenger	N	Y	?	Y	N	N	N	Y	?	N
Linux OS	Y	Y	?	Y	Y	Y	?	N	?	Y
Debian Package	Y	Y	?	Y	Y	Y	?	Y	?	Y
RPM Package	N	N	N	Y	N	N	?	N	?	Y
Chef	Y	N	?	N	Y	N	?	Y	?	N
...										
Refactoring	Y	Y	?	Y	Y	Y	?	Y	?	Y
Design Patterns	Y	N	?	Y	Y	N	?	Y	?	Y
HTTP Protocol(ContentType etc)	Y	N	?	Y	Y	Y	?	N	?	Y
REST theory	Y	Y	?	Y	Y	Y	?	Y	?	Y
...	N	N	?	N	Y	N	?	N	N	N
...										

图 12-2 团队技能图谱

这 3 种能力级别基本都属于解决问题的能力范畴，或许我们可以增加一个级别：

蓝色（Inovation）：我熟悉这项技术，并在这项技术的运用上能够有所创新。

实践证明，上面的这个方法虽然短期效果非常明显，团队迅速补齐了开发所需的必要技能。然而，仅仅靠这个手段却只是治标不治本，只有激发技术卓越追求的组织氛围，才是持续促使员工技术提升能力的根本。我的一位同事李力岩在他的一个客户组织里观察到："Manager 是做管理工作的一群人，这群人上面靠着高层，下面管理着底层 Developer，这些人基本上每天除了开会就是开会，虽然这些人技术能力没有 Developer 强、业务知识没有 SME（Subject MatterExpert－领域专家）过硬，并且所做的也不是什么创新性的劳动，但是高层有什么事都先找他们，这本身就是一个很诡异的事情。在 Manager 眼里，Developer 基本就是要被管理的一群干活的，如果没有 Manager 的领导，Developer 首先就会偷懒，然后就会迷失方向，Manager 就是 Developer 的指路明灯。为此 Manager 每天都需要 Developer 上报时间都花在什么地方了，然后进行统计，但是我们都不知道统计这个数据到底有什么用。另外 Manager 还要帮 Developer 安排工作任务，然后催促着大家尽快将任务完成。"

虽然这个组织自上而下都对技术能力相当重视，每年在每个员工身上投入培训资金的规模可以说是业界领先，但实际上在开发团队中对技术有热情的人却寥寥无几，因为每个人都把技术能力作为短暂的过渡，目标是尽快成为不需要实际操作技术的管理人员。

12.1.2　主动能力

在德国 Giessen 大学的 Michael Frese 和荷兰 Amsterdam 大学的 DorisFay 等人的研究里，个人主动性（Personal initiative - PI）是一种包含下面 3 个特点的行为模式[1]。

1.　自主启动

一个人在没有被告知，接到明确指示或是角色期望的情况下就能够开始自主地做一些事情。当自动化测试运行的时间越来越长，持续集成设施上，系统的构建速度已经对团队是否随时能够提交代码造成影响。一个开发人员发现这种情况，于是主动去优化构建策略和测试用例，使构建时间缩短到对团队不再形成阻碍的水平。这样的一个活动既没有被列在项目的任务列表里，也不是由经理的安排所触发，我们称其为自主启动的行为。

2.　前瞻性方式

对长期目标的关注使得一个人能够主动去预测和判断未来可能发生的问题或机会，做出准备并采取行动，而不是仅仅响应近在眼前的事件。在

---

[1]　Frese & Fay, 2001

我曾参与的一个项目里，项目启动不久后，一个开发人员发现当前正在使用的自动化测试工具虽然能够勉强对付现在的工作，但由于可预期的产品演进和扩展，将很快不能满足规模和效率上的需求，于是主动寻求和尝试业界最新的工具，并选择了其中看上去比较合适的几个，开始小规模的试用。前瞻性并不是要像先知一样全知全能，只要有意识地去思考未来的可能性，关注和验证这些可能性，这样的行为就可以算作前瞻性。

3. 坚持

在追求目标的过程中要有坚持。不遵循常规而主动发起行动的人经常会遇到障碍、抵触，甚至失败，一个人应该能够坚持克服这些困难并达成目标。前面提到的这位尝试在产品开发中引入新工具的工程师，当他经过尝试，选择出一个相对更加合适的工具后，就开始试图在团队内部推广。这个时候，很多人只愿意使用自己最熟悉的工具，回避学习的困难和成本，所以提出的意见总是围绕优化现有工具的使用；另一方面，新工具本身也有其不太成熟的地方，这样的把柄也很容易落在那些乐于留在舒适区的人们手上；更困难的是，这个先行者预见到的问题现在暂时还不那么严重，拿不少人的话来说，"还能撑一撑"。这个人如果没有自己的坚持，在这种情况下放弃的可能性就很大。

上述这 3 个行为特点有一个前提条件，就是这个人有独立的意志，能够判断什么是正确的事情。而不仅仅依赖环境因素，比如流程和规定，来判断什么是应该做的，应该怎么做。

12.1.3　社交能力

社交能力的度量结果，主要体现在某种行为的展现，或是跟典型人物的行为对比上。根据能力类型和水平的不同，个人所处的环境不同，某个能力的特征行为可能会有很大差别。以辅导能力为例，根据所处的一个团队的情况，按行为大概分成下面的几个程度，如图 12-3 所示。

对于主动能力和社交能力，我们还可以有更多种不同的划分维度的方式，本文只是做出一个示例。在一个组织中，相关人员应该一起协商如何设计一个知识体系，读者也应该能够用类似的方式，找到最适合自己提升的方向和维度。

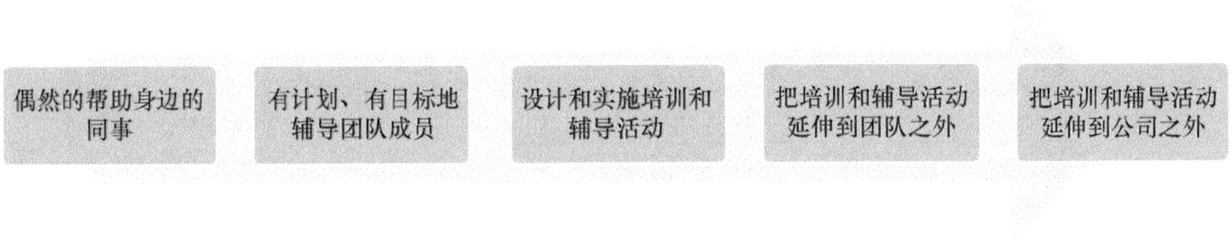

| 偶然的帮助身边的同事 | 有计划、有目标地辅导团队成员 | 设计和实施培训和辅导活动 | 把培训和辅导活动延伸到团队之外 | 把培训和辅导活动延伸到公司之外 |

图 12-3　能力程度度量

12.1.4　行为度量

在前面讨论的能力都是基于行为的能力，也就是说只有一个人展现出了某个行为，达成了驱动出这个行为的目标，才算是具备了该项能力。因此我们要观察的是，一个人是以怎样的频率或是程度展现出了期望的行为。这些信息的采集方式是向与观察对象有过合作经验的人收集相关的反馈，方式可能是访谈或是问卷，反馈覆盖的范围应该包含考察的各个方面，这种方式也经常被叫做 360 度反馈。利用上面列出的一些能力点，我们可以简单地做出下表所示的一个 360 反馈问卷示例，并平均所有人给出的分数得到一个综合性的图表（见表 12-1 和图 12-4）。

表 12-1

		总是 （5）	经常 （4）	有时 （3）	偶尔 （2）	从不 （1）	不知道 / 不适用
主动能力							
1	在没有被告知，接到明确指示或是角色期望的情况下就能够开始自主地做一些事情	Y					
2	对长期目标的关注使得一个人能够主动去预测和判断未来可能产生的问题或机会，做出准备并行动		Y				
3	在追求目标的过程中能够坚持克服困难		Y				

续表

		总是 （5）	经常 （4）	有时 （3）	偶尔 （2）	从不 （1）	不知道/ 不适用
社交能力							
3	有计划、有目标地辅导团队成员		Y				
4	期望的社交能力 2			Y			
5	……			Y			

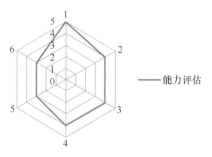

图 12-4　能力评估图

　　另一点非常重要的是，我们不一定要求一个人在所有的能力维度上都获得同样的发展，关键还是切合实际，在提供挑战的同时，寻求对组织和个人双赢的方向。

　　到现在为止，我们对学习机制的讨论，涉及了"刻意练习"中为**提升而设计**和**持续反馈**两项要求；而对于**重复练习**和**精神专注**这两项要求，则有赖于每个具体能力提升活动本身的设计和执行，比如说写代码，比如说演讲、培训。我们不仅要在实战中多练习，持续练习，还应该每次都能为自己提出新的要求，这样才能有持续的进步，达到更高的水准。

12.2　团队能力

　　团队应该能够使个人和个人之间产生协同效应，从而展现出个体简单相加所不具有的综合能力，这也是常说 1+1>2 的效果。这个效果的产生主要通过团队学习和团队协作两种方式。我们会在"学习型组织"一节里介绍团队学习和协作的要点。

从业务的角度，团队的能力主要是被效率、质量等目标所牵引。在策略上，则是要权衡长期的有效性和短期的效率，这两者在团队层面经常是矛盾的焦点。曾有一百多个开发人员的团队，为了降低开发人员的技能门槛，提高在单个开发任务上的效率，让每个开发人员只负责一小块代码和功能，期望的效果是只让最熟悉的人修改相关代码和功能。不过时间一长，却得到的下面这些不曾期望的效果。

- 有一个时间较长的集成测试阶段，在集成测试之前，没人知道这些人埋头开发的代码在一起是否能够工作。

- 间歇性地，甚至是经常性地出现一部分人忙死，一部分人闲死的现象。

- 绝大多数的开发人员必须参加当前版本的测试阶段，几乎不可能分出人手开发下个版本的特性，原因是缺陷只能由特定的人员修复，其他不负责该代码 / 功能的人都不敢，也不愿接这样的任务，当然项目经理处于风险控制的考虑，也只相信开发相关代码的人去修复缺陷。

- 由于这一百多人的大团队是按模块来分组的，为了降低沟通和请求协作上的麻烦，开发人员总是试图在自己熟悉的代码内完成功能。一开始我们说是产品架构决定了团队组织形式，时间一长，这个团队的组织形式就实质上决定了产品的架构演进方式，失去了根据产品本身需求演进架构的机会。

- 由于每个团队只关注自己的模块，试图用接口将自己保护起来，在模块之间重新发明轮子的现象经常出现，冗余代码与日俱增。

前面在第 9 章中提到，当产品复杂到一定程度，需要大规模团队协作的时候，组建有端到端交付能力的全功能团队，培养覆盖多项领域能力的多面手，是减少开发瓶颈、提升交付效率和质量的关键。下面是两家不同的电信领域的产品公司所做的尝试，在某种程度上缓解了这样的问题。

公司 H

产品：无线产品线的一个产品，60 人左右。

过去：由于一个模块的学习周期很长，因此形成了基于模块的团队形式，甚至在模块内对不同的特定代码也通常有明确的责任人。

现在：根据发布计划，从各模块团队抽调人员，组成在一个版本内相对稳定的特性团队，成员都集中在一个开放的互相可见的办公环境里，不过模块团队仍是资源线主管。

能力提升：由原有的模块团队主管负责，模块团队主管跟版本经理以及特性团队主管协商（原来的模块团队主管现在通常也担任某个特性团队的主管），制定在当前版本的开发时间段内，团队成员的能力发展计划。由于各个特性团队之间，发生在某个模块的工作量并不一致，复杂度也有差异，原模块团队主管会在团队之间帮助协调人员的投入，支持压力较大的团队，并且提供能力方面的指导和支持。除了系列的知识共享活动之外，常见的能力提升活动有：

- 有意识地组织针对特定技术的任务轮换；

- 参与支持维护活动；

- 主动重构遗留代码；

- 有组织的架构演进实验。

架构和模块知识的积累和传播：由系统工程师和原模块主管负责。

公司 A

产品：固网产品线的几个产品，100 人左右。

过去：基于领域的团队形式，根据版本所需，组成跨领域的版本团队。

现在：人员稳定的全功能特性团队。

能力提升：主要通过个人在团队内进行主动任务领取，逐步形成能力。

通过以两种形式的专业团队来解决架构和领域能力障碍。

选项 1：虚拟架构团队。

虚拟架构团队成员来自各团队的 Tech Lead，维护领域和架构的相关 Backlog，并负责决策和实施。

能力提升活动：

- 定期技术、设计评审会；

- 进行跨团队的方案讨论和决策，代码评审的等。

选项 2：独立领域专家团队。

建立专门的团队和角色，负责领域专家专注领域的演进和质量，团队有以下两种活动形式。

- 计划驱动：根据当前版本各团队工作内容对领域的影响，以及相关计划，在团队之间轮换。轮换时间由各团队和项目经理在版本计划阶段协商决定。建议在一个团队中的时间至少以迭代为单位。

- 事件驱动：跨团队的方案讨论和决策，以及代码评审的等。

上面列出的手段，在短期内大家都还有新鲜感的时候可能是相当有效的，不过从长期来讲，如果组织的环境对能力提升不友好的话，这些活动都很难持续。

12.3　学习型组织

在以知识和技能为核心的行业里，很多组织在提升个人和团队能力上也算是不遗余力，投下重注，但总是收效甚微。

- 有的组织总觉得需要靠强有力的手段，在期望的方向上强势推动。于是采用的方法多是以集中培训、考试认证为主，结果是大家考试成绩不错，却不见有多少能力提升。

- 有的组织则强调给员工以空间，鼓励大家根据兴趣，提升自我，结果大家要么学得五花八门，浅尝即止，要么就感受不到学习的价值，干脆就应付了事，跟组织的目标没有什么共鸣。

- 很多时候，知识和能力主要以隐性知识的方式，蕴藏在部分一线人员头脑当中，而这些人员对知识共享和辅导他人，既没兴趣，也没动力。

- 有的组织确实是能够以显性的方式将知识呈现出来，不过这些知识却零星分散在各处，从来没有在合适时间，出现在合适的地方，总是到了非要用的时候，才到处去收集和整理。

- 在不少地方，个人对学习的目标、责任和对结果的期望是不清楚的，因此就没有什么动力去提升。

- 当前业界，员工剧烈的流动性和越来越依赖外协人员提供产能，使组织缺乏动力对能力提升、知识积累做出投入。

- 项目启动、执行、终止的周期循环过程中，没有建立起学习和知识的反馈，学习活动或提升活动没有为后续的改进产生价值。

到底如何解决这样的问题呢？学术界和业界设定了一个颇为飘渺的命题——建设学习型组织。

Peter Senge 在他名扬四海的著作《第五项修炼》中对学习型组织的描述是"在学习型组织里，人们持续地拓展他们的能力，创造出他们真正渴望的硕果；那里滋养着崭新而广阔的思维模式；那里释放着集体共同的抱负；那里人们持续地学习，为了能够一起看清事物的全貌。"

根据 Bersin & Associates 对 400 个公司的调研，学习型组织可以取得的竞争优势包括：

- 46% 可能性在市场上领先（创新）；

- 37% 更高的生产效率（生产效率）；

- 34% 更快地响应客户需求（Time to Market）；

- 26% 更高的高质量交付产品的能力（质量）；

- 58% 更有可能具备技能迎接未来的需求；

- 17% 更有可能在市场占有率方面领先（盈利能力）。

如果说 Peter Senge 的描述像是一首对乌托邦的赞美诗，这份调查的结果就更像一支秉承数字营销理念的广告。作为咨询师，我也见过不少的公司和组织，说老实话，仍不太清楚是否有稍大规模的公司真正达到了 Peter Senge 所说的境界。我当前所在的公司，已是我见过的在这方面最为积极的组织之一，在前面提到的两个方面也算是不遗余力。而我自己也有相当一段时间在公司承担了能力提升的职责，深处其中，发现在迈向学习型组织的道路上，仍是遍布荆棘，步履维艰。不过，如果我们拿 Roger Martin 的知识漏斗来理解学习型组织，我们或者可以心平气和一些：这事儿明显就是个难解的谜题，恐怕事实上也不存在什么银弹（当然这也可能是我对自己在这方面建树有限的托词）。

学习型组织既然具有那么强大的力量，我们如何把这个谜团降解成几个相对较为可控、可管理的领域呢？还有如何度量我们在学习型组织的建设历程上的进步呢？

学习型组织的特征从大处讲，无非以下两个方面。

（1）招来的人都有很强的学习主动性和习惯，他们如果几天不看书，几个月没学到新的东西，或是现有能力没得到提升，就会觉得很不爽，甚至会有危机感。

（2）组织的环境具有鼓励和推动所有成员持续学习和提升的氛围甚至是压力。

我们现在关注的是第二点——组织环境。Watkins 和 Marsick 在他们的

DLOQ（Dimensions of the Learning Organization Questionnaire）模型里 [1]，尝试用 7 个维度来度量学习型组织的环境，他们在美国、中国、韩国等地区，具有不同文化的多个组织中分别实施和验证了这个模型，其有效性得到了比较广泛的正面肯定。图 12-5 翻译自 Watkins 和 Marsick 的文章，图中 7 个维度由组织效能的改进作为牵引，分为个体和结构性两个层面。

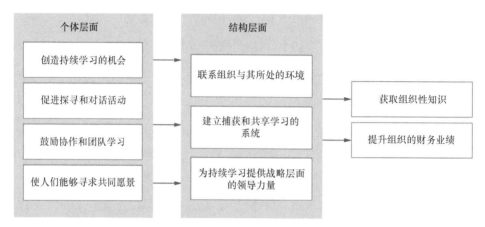

图 12-5　DLOQ（Dimensions of the Learning Organization Questionnaire）模型

下面我们以软件开发组织为例，针对每个维度列举一些可能用作参考的实践。在个体的层面上，这个模型关注的是：

- 创造持续学习的机会；

- 促进探寻和对话活动；

- 鼓励协作和团队学习；

- 使人们能够寻求共同愿景。

12.3.1　创造持续学习的机会

学习的机会可能是多种多样的，培训是其中相对简单的手段之一。我所在的公司提供一定的培训预算，员工可以选择感兴趣，并能为工作或团队产生价值的培训使用这笔预算。我们的一个客户公司更进一步，对员工

---

[1]   Yang, Watkins, & Marsick, 2004

每年参加培训和学习活动的时间长度甚至有硬性的要求。不过除了正式的培训，一个组织还可以提供其他更加有效的学习机会。

非正式的读书会和兴趣小组是学习的一个有效手段。曾经有一个团队面临要快速学习并运用新工作方式、新技术的挑战，大家发现团队在知识和技能上距离项目需求存在着较大的差距。根据这种情况，团队共同想出的策略是把十几个知识点对应的书籍和资料分拆成一系列的阅读和学习任务，成员各自分别领取任务，完成各自的阅读和实践尝试后，把自己的知识点跟大家充分共享和讨论。这个团队通过这种方式很快弥补知识和技能的差距，使大多数成员能尽快上手开始使用新技术和新方法。

不同类型或是更有挑战的工作机会是促进人们提升和学习的有效动力。长期处于一个静态的环境，缺乏新的挑战，可以很快消磨一个人的学习动力。有计划、有意识地对员工的工作地点，开发的产品和所处的团队进行一些调整，或是临时参加其他的项目团队，让大家能够不时接触到不同的人，接受新的冲击，能够非常有效地促进视野的扩展和学习的激情。

其实日常工作也蕴含着很多学习机会，比如集体代码审查、团队设计研讨会等等，应该充分创造这样的机会，让相对资深的人员和领域专家把知识和经验传播给团队其他成员。

12.3.2　促进探寻和对话活动

仅凭日常工作所面临的挑战有时很难孕育新的思路，工作方法的改进或创新却能够激发员工的学习兴趣。当一个组织环境没有为其成员设定明确的提升和创新期望时，大多数成员是缺乏动力离开舒适区的，更不要说为了对当前的工作方式做出质的革新，而冒着失败的风险尝试新鲜事物了。组织需要创造安全的氛围，鼓励对新方式的探寻。在做好风险管理的同时，对创新活动的失败有一定的容忍度。

一个人很容易陷入自己的思维定势。交流，特别是跟领域之外的人交流，是产生新的知识的重要来源。很多的所谓创新，其实是一些已有的想法结合了新的方法，或是用不同方式把几种不同的已知思路、方法掺和在一起，然后发现了新的价值。那么我们从何处得到这些不同的思路和方法呢？所谓创新总在领域之外，一个组织需要能够创造交流的机会，鼓励不同经验背景的人一同参与问题的发现、分析，以及探索性的讨论，并对交流中发现的机会和问题采取行动。

12.3.3 鼓励协作和团队学习

如果学习仅仅凭个人的兴趣，对组织目标的帮助也是有限的。个人提升和组织目标的匹配需要协作和团队学习的氛围。下面一些条件对形成这样的氛围会有所帮助。

- 团队中有共享的目标。这个目标可以是项目的交付成功，可以是产品在某方面超越竞争对手，可以创造有差异化的特性。这个目标应该至少是要略微超越个人的舒适区和团队当前的能力，像我们常说的"要蹦一蹦，才能摸得到"。

- 个人的学习活动和成果对其他团队成员要有价值，对团队目标要有贡献。学习不仅仅是兴趣，同时也是对团队的责任，责任和承诺是在成员之间形成学习效果正反馈的基础。

- 团队成员之间要充分地讨论和交流学习当中遇到的问题。

- 学习的过程也是一个反馈的过程，团队成员之间应该及时就方式、投入、目标、问题等，提供直接、建设性的反馈和意见。

- 团队成员之间就学习的进展和价值表达赞赏和感谢。

图 12-6 是我的一位同事徐昊所做的一个成功尝试——学习雷达图。他在帮助一个研发团队向学习型组织转型的过程中，让每个人在自己希望提升的领域，列出展现提升能力的行为，并在一个时间轴上把这些行为贴出来。这些领域应该是跟团队的目标有关，对团队成功有价值的。虽然每个人都可以各自拥有一个自己的图，不过推荐的做法是团队共用一个图，并放在大家都看得见的地方。这样，不管团队成员是否做出了响应计划的行

为，都会得到团队的反馈，同时不仅可以发现团队的共同兴趣，也可以发现大家以前没注意到的共同忽略的方向。

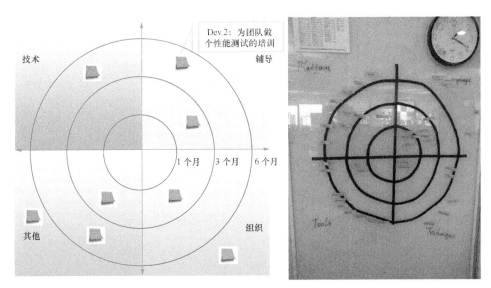

图 12-6 学习雷达示意图和实例

12.3.4 使人们能够寻求共同愿景

团队的主动性相当程度上依赖于团队是否能够在一定程度上自主地设定目标。当目标仅仅是自上而下分解而来时，大家并不会认为那是自己想做的事情，一般更多只是从是否直接有助于升职加薪的角度去判断这个目标的优先级。但我们又怎么可能把软件开发所有的活动，特别是学习活动都直接跟绩效管理关联起来呢？缺乏主动意味着学习的效果肯定大打折扣。我们经常会听到"这个我们没做过"，"没培训过，不会做"，但是我们却从来没听到过新爸爸、新妈妈对把屎把尿、奶娃娃，或是刚买了新房对装修之类的事情，会有类似的抱怨。这些抱怨的来源，大多是员工没把这事儿当成自己的事情，没有主动学习的动力。

设定团队共同的愿景，其目的是寻求学习的意义。愿景来源于对组织目标上下文的理解，通过自己的思考和团队内部的协商，达成团队在目标上的共识。因为是自己树立的目标，获取更多的知识和技能来为这个目标付出额外的努力，就变得更加自然。

结构这个层面是联系个体学习活动和组织目标和产出的桥梁。

- 连接组织与其所处的环境；
- 建立捕获和共享学习的系统；
- 为持续学习提供战略层面的领导力量。

12.3.5   连接组织与其所处的环境

在系统层面思考，关注组织与其内部、外部环境之间的关系。这首先反映的是需要在组织内部创建一个全局观的思维理念，此外还需要通过联系组织与其内部、外部环境的活动，建立起活跃的知识流、信息流。我们曾经积极地邀请其他公司各个领域的专家来公司做知识共享和短期的培训，也绝不会放过公司其他国家分公司的专家来到中国办事、访问的机会。他们带来的不仅是我们暂时还不具备的知识和经验，更重要的是这样的对话所激发的创新火花和冲突。

不少公司都可以看到引入外界专家的好处，却对公司员工到外界交流多有顾虑。其实鼓励员工走出去，不管是在行业会议、社区活动，甚至是其他公司内部的演讲，在贡献自己的知识和经验同时，其实也是收集灵感，了解其他人在怎么做、怎么想的有效途径。在中国，有不少企业的管理人员会担心泄露公司机密，但实际上这个行当里真正的机密总是非常有限的，这样的交流完全可以在不触碰到所谓机密的前提下顺利达成效果。我们注意到像阿里系旗下的各个公司，诸如淘宝、支付宝、阿里云，近两年在各种社区和行业活动上积极地分享他们在开发、测试、架构设计、数据库调优、大数据部署、数据中心管理等方面的经验，而业界也大都认可他们的技术确实领先。我虽然没有足够的信息来论证"交流"和"领先"这两者"鸡生蛋、蛋生鸡"的真正因果关系，但对业界的观察似乎告诉我们，追随者总是满足于信息的单向流动，即仅仅追随业界的所谓最佳实践，而立志成为领先者的公司则更希望通过双向的交流，拥抱碰撞的火花，追求他人尚未企及的目标。

12.3.6 建立捕获和共享学习的系统

高度动态的组织环境和持续创新变化的商业环境，对公司在知识捕获和共享上的能力形成了强有力的挑战。员工对学习和能力提升的期望，也使得有效的学习系统成为了员工满意度的构成因素。一套捕获、分类、存储、升级、检索、访问、利用、创造隐性知识和显性知识的机制和系统，是很多知识密集型组织的重要支撑设施。

Catherine 和 Pervaiz 在他们的一篇论文里总结了关于组织记忆（Organizational memory）效果的分析维度（组织记忆指的是一个组织所发现、生产、创造的信息、知识、经验……）[1]，对其稍作简化，我们可以用来度量捕获和共享学习的系统的有效性。

- 目标一致：应该符合组织的愿景、目标和运营模式。

- 有效：这套机制和系统应该提供足够的组织所需信息和知识，有很好的相关性。

- 易于可访问：组织成员能够有比较方便的手段访问到所需的信息和知识，并且在获取的时候，能够很准确地定位到所需信息，而不是淹没在垃圾信息之中。

- 前瞻：信息和知识不仅应该是过去的积累和思考，还应该能够帮助组织构建未来的策略。

- 忘却和重建：当环境出现变化，导致知识和信息过期，组织应该有自发的机制重新创建新的知识。忘记也是学习的重要一部分，很多人对新鲜事物持抵触的情绪，很大程度是固守过去知识和信息曾经带来的成功，缺少空杯心态，以至于无法形成新的知识体系。已有的知识不但不能创造价值，反而成了前进的枷锁。

- 情境：知识和信息的产生都是有上下文的，然而将其记录成文后，通常都会有一定程度的抽象，这样做的目的是提高知识的通用性，

---

[1] Wang & Ahmed, 2003

因此上下文多多少少都会有所损失。这种抽象其实是很多组织中教条般地遵守所谓最佳实践的起因之一。一个可以部分缓解情境缺失的方法是,在记录和总结解决问题的方式时,尽可能基于实例,描述曾经的实际使用场景,比如设计模式的描述格式中对适用性和示例的强调,其实就是业界对这个问题的一个典型尝试。

12.3.7　为持续学习提供战略层面的领导力量

公司的管理层是否战略性地把学习作为在组织内引入革新,帮助组织走向新方向、新市场的重要机制和手段?如果我们说一家公司是有这样的战略,我们应该能够看到下面两类行为。

其一,有高层领导直接对学习型组织的建设目标负责。我们经常看到领导发话:"我们要建立学习型组织",然后指着一个已经承担了很多业务职能的中层经理说:"你去搞吧,我支持你"。这位老兄,一缺乏方向,二没有优先级,面对自身和组织冲突的目标,在困扰中挣扎,最后只能以粉饰太平,搞些形象工程了事。

其二,领导以身作则,其行为对前面描述的学习型组织的环境有正面影响。有的领导可能嘴上很支持"建设学习型组织",一旦需要尝试新的方式,面对学习成本和结果的不确定时,就轻易退却了。我见过一个产品研发团队的管理人员抱怨说:"这边的每块代码只有一个人熟悉,而我要支持3 个产品的 5 个版本,实在是忙不过来了。"我们做了些调查后,发现他的问题不是"要支持 3 个产品的 5 个版本",而是"每块代码只有一个人熟悉",每个时间段里,总有一帮人加班加点,忙得半死,另一帮人却不知道在干些什么。当我们建议提升员工技能广度的时候,这位领导顿时就面露难色了:"这个会不会降低对某个模块的开发效率,会不会降低质量啊?"最后决定的行动是向上级申请更多的人头。

授权和探寻式领导模式

如果团队总是等着领导下达指示,才知道做什么,怎么做,这样的团队是没有学习欲望的。被动学习和主动学习的效果天差地别,只有在相当程度上授权一线团队，支持和鼓励他们探寻并自主采纳新的工作方式，才不至于束手束脚，才有可能形成自主学习的氛围和机制。

12.3.8　阻碍因素

　　如果一个组织的评价体系是以资历和学历为重要评价条件，而把胜任和成长放在相对次要的位置上，学习氛围就很难形成。我们曾经在一家在其领域全球领先的产品类公司观察到，这家公司在世界各国都一向从当地最顶尖的学府招收毕业生，在人员能力培养上也是不遗余力。不仅邀请业界有名的培训和咨询公司来帮助员工从业务技能、软件开发能力到软技能各个领域的提升，还经常以各种大大小小的奖励形式，鼓励员工分享知识。不管是讲了一堂课，还是写了一篇工作相关的论文，甚至学习了知识，学得不错，公司也可能会给予奖励。不过我们发现，员工其实并不怎么领情，在这样的环境中其实也并没有形成学习的习惯，甚至没能够产生学习的动机。这又是为什么呢？初步观察告诉我们，这家公司的组织结构是传统的层级形式，使用明确的目标驱动管理方式，绩效的考评则和奖惩基本上是完全根据年初制定的目标。这种方式为员工指明了方向，执行力由此产生，但也催生了很多预期之外的，公司管理层不希望看到的行为：系统思考的缺失，以经理层级的爬升为职业目标的导向，使得员工失去了学习的动机。

第 13 章

验证导入（准备篇）

"我们生活在一个创新的时代，有效的教育应当培养人们准备好做从未存在过、也无法被清晰定义的工作。"

——彼得·德鲁克（1909—2005）

当一个组织引入一套新的方法，期望流程、行为出现改变的时候，通常有两种方法可以促使相关人员产生行动的动机。

其一是发现要解决的问题，也就是我们常常听到顾问们和销售们强调的痛点。他们有个经典问题——"有什么事情让您晚上睡不着啊？"然后把相应的解决方案卖给需要采取行动的人们。这种强调负面作用的方法有其心理学的原因。研究证明，人类倾向于把注意力放在负面的事物上，对负面刺激的感触要远远强于正面刺激。这也是为什么悲剧会催人落泪，而喜剧常不过只让人一笑了之；恼人事会让人彻夜难眠，而高兴事则轻易被忘却。但当人们处于一个比较糟糕的环境里时（这也经常是需要变革发生的时候），专注于问题会使我们看到到处都是问题。一方面，改变似乎遥不可及，根本不在控制之中，另一方面也可能让人对问题习以为常——"到处是问题其实就没什么大问题，日子总也能过"，这两方面的因素会很大程度上打消人们行动的念头。有些开发部门的负责人总是一边感慨着"问题太多"，一边把问题归咎于业务部门、组织机制和环境等等宏观因素，对推动改善的行动无从下手，一味指望自上而下的英明干预。

第二种方式则不是专注于发现和解决问题，而是通过尝试和观察，发现并复制那些证明有效的亮点，这样更容易促进行为的改变，促成变革的发生和持续[1]。所谓榜样的力量是无穷的，成功的尝试能够增加组织的信心，而组织内部的竞争和相互比较也常常会使得成功的局部尝试变成星火燎原的催化剂。因此在组织范围内大规模推行某个方法前，一个验证引入阶段就格外重要，这也是我们常说的试点。这个阶段的主要目的是寻找"什么是在这个组织环境中是工作的"，以此作为后续复制、推广的基础。

下面我们用一个模拟场景来演示度量实施试点当中的注意事项，这个场景来源于我们多个咨询项目的提炼融合，具体故事细节当然纯属虚构。这里需要注意，一般很少有提升活动是单纯以度量体系的实施为目的，度量体系更可能是作为一个更大的转型项目的一个组成部分出现。为了使读者能够把注意力放在度量相关的实践，下面的文字对项目场景已经做了大量的简化，不过仍尝试保留一定的上下文，读者可能会发现这个试点的目标和内容其实远远超出单纯度量体系的实施。

一个乍暖还寒的时节（其实是总算可以开始用新一年的预算了），一家大型公司软件开发中心的流程改进负责人 X 女士，找到了业界在开发管理和技术颇有点儿名气的咨询公司 T，说是希望了解一下 T 公司在敏捷软件开发方面的实践和咨询经验。于是咨询师 Z 代表 T 跟 X 女士开了一个电话会议，这个电话的目的是了解这个组织的上下文，提出一个合适的下一步计划，下面是咨询师根据电话会议记录整理出来的备忘录。

组织概况

- 这个软件中心的规模约有 1000 多人，另外还有相当数量的外协人员在不同团队从事开发和测试等工作。团队中编制人员和外协人员的比例在不同团队中各有不同，差异很大，有的团队全部由公司编制员工组成，有的团队则绝大多数都是外协人员。

- 软件中心使用的技术栈以 C/C++ 和 Java 为主，有些产品是嵌入式系统，硬件相关。

- 产品需要支持多个大型客户的个性化定制需求，甚至每个客户的

---

[1]　Heath & Heath, 2010

> 不同地区的子公司都会有特色需求，需要纳入到产品开发的考虑。
>
> - 管理模式原来主要基于瀑布式生命周期模型，成熟度已经在 CMMi3 级以上。

寻求帮助的原因

软件中心正在评估采纳敏捷软件开发的实践，有些团队已经开始尝试，改进的动力主要来源于软件交付过程中遇到的不少问题，如下所述。

- 用户满意度：实际交付的内容要么跟用户原来的期望有差异，要么用户期望在开发过程中就已经发生了变化。

- 质量：似乎永远都没有足够的时间完成足够的测试，要么开发完成时间滞后，要么测试阶段里还不停有变更，要么发现太多缺陷，没有足够的时间修复和回归测试。

- 几个已经有 2 ～ 3 年历史的产品，升级和变更的成本越来越高。

    开发中心认为造成这些问题的原因是：

- 原来的流程僵化，响应迟缓；

- 开发人员质量意识不足，将问题留到测试阶段，甚至把各种潜在问题推到后面的版本；

- 各个功能团队（产品管理、系统分析、开发、测试）各自为政，缺乏全局观。

有的人逐渐从各种渠道听说了敏捷开发，了解到敏捷开发推荐的一些方法似乎就是针对上述问题而发展起来的，并且在不少企业里也已经有了比较成功的实践。于是开发中心的一些团队也开始了自己的尝试，不过尝试的过程磕磕绊绊，似乎并不像书上或是那些敏捷布道者们说的那样美好。几个例子如下。

- 不少团队进行了每日站会，大家都觉得只是一种以更高频率向 PM 汇报项目状态的形式，纯属浪费时间。

- 持续集成服务器架设起来，不过除了几个搞配置管理的人根本没人关注，也不知道有什么用处。

- 迭代开发做起来了，不过好像就是把原来几个月的瀑布模型，缩短到一个月来做。

很多参与者并没有感受到改变所产生的任何价值。组织内部对于敏捷本身价值的认识也有很大的分歧，支持的人认为实践出现了偏差，没有能够发挥敏捷方法的优势，而反对的人则强调组织自身的特殊性，认为敏捷不适合，至少是未必适合这个组织。更有一些人仅仅把这个转变当成是一个流程减负的过程，结果是由一个极端走向了另一个极端，从繁复的流程直接跳到了裸奔状态，产品质量受到了严重的威胁。总之情况很不乐观，开发中心认为仅仅靠自身的力量很难在短期内快速理清思路，找到让大家都比较信服的途径，所以负责流程改进的质量部开始寻求外部的帮助。

根据上述情况，Z 咨询师判断这些团队在运用某一个具体开发实践的时候，很多人其实并不太理解这项实践背后的原因，因此做得有些走样，没能发挥出该项实践应有的价值，他们的站会就是典型的例子，另一个重要的缺失是对业务目标的迷失，表现出为做敏捷而做敏捷的倾向。

于是 Z 咨询师又打了个电话给 X 女士，花了一些时间解释了他的理解，并介绍了本书前面提到的理念和方法，推荐用一套合适的度量策略，目的是将开发目标、团队和个人的开发行为可视化出来，帮助团队在新实践的采纳过程中，重新聚焦业务目标，并以度量作为辅助的学习和验证手段，使组织开发能力的提升形成一个闭环的反馈。

然后，Z 咨询师依据"大处着眼，小处入手，失败趁早，学习赶快"的思路，提出了以一个试点团队开始验证导入的建议和计划。

13.1 试点

成功的度量体系建设一定是演进式的，试点就是第一个重要的反馈环。

- 回顾前面提到的度量体系模型，一个度量体系需要契合组织内部生态系统。要达到这样的效果很难一步到位，因此我们期望第一步支持的业务目标和决策场景必然小范围地，通过被验证的学习（Validated Learning）的方式，持续地验证和改进，从每一步的失败或成功所带来的反馈当中学习。

- 从鼓励团队进一步尝试的角度来说，初步部署应以风险可控的范围起步。选择明确的目标，控制资源的投入，快速获得短期回报，形成正向反馈，可以向团队证明价值，树立实践者的信心。

试点的过程不仅是为了验证和演进度量体系本身的设计方案，更重要的是探索后面推广过程中可能遇到的挑战，预计推广的成本和所需的资源。一个新方法的实施在不同类型的企业里会遇到不同的挑战。在一个以执行力强著称的企业里可能很快就可以搭起一个基本的架子，但后续的运营和演进则可能面临"把手段作为目的"的陷阱。具体表现就是僵硬地把度量作为必须遵守的流程，而忽略了实施度量的初衷和相关提升目标，结果导致一线团队的博弈行为，就好像为了提高测试覆盖率而临时补充测试用例这样的事情就会发生。而在一些开放、鼓励团队自主选择的组织里，则很容易浅尝辄止。我们曾经看到一个团队还没来得及把事情做到位就已经放弃了，相关的项目经理说："你们说的我们都明白，我们都被培训过，不过我们公司有些独特的地方，所以我们要按我们的方式来做"。我们观察到，所谓"我们的方式"其实就是又回到原来的老路上去了。

试点的另一个作用是为可能的下一步识别和培养人才。要在一个组织推广一套新的方法，可能最大的挑战是找到足够的意识上拥护（志同道合），同时能力上掌握这套方法（德才兼备）的人。我们在咨询项目中，最关注的可能就是发现、鼓励并积极培养这样的人。说句严重点的，如果一个试点团队里出不了 1 ~ 2 个这样的人，试点基本就可以算是失败了。

Z 咨询师把计划分成了图 13-1 所示的几个步骤来进行。

图 13-1　项目计划

13.2 准备

第一步：确定试点涉及范围和切入点。一个软件开发组织可以大致分成 4 个不同的级别——组织、部门、项目 / 产品、团队（见图 13-2）。当我们选择试点的范围时，除了需要控制新方法可能带来的风险和学习成本，还需要权衡试点的效果，看是否足以为后面可能的推广产生示范性的效果。这种权衡可能会发生在产品类型、团队规模、团队组成、人员能力水平等方面。我们曾经在一个电信行业的产品研发组织里做过一次试点。那次试点的团队是一个网管产品的开发团队，试点非常成功，预期的目标都成功达成。可是当我们把这次的成功经验介绍到该组织的其他团队时，负责网元的团队则说："网管是用 Java 开发的基于浏览器的系统，我们这边是用 C/C++ 开发的嵌入式系统，差别太大，那些经验对我们没用。"

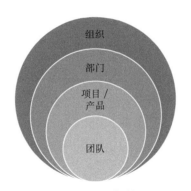

图 13-2　试点范围

试点范围的选择还应要考虑试点对象受到周边环境的影响。一次，一个近百人的项目团队中的一个子团队开始尝试运用新的开发模式。这个子团队有十几个人，是按照全功能团队组建，包含了分析、开发和测试各个角色。在相对稳定的开发阶段里，这个团队学习并尝试了不少新的实践，并且在子系统质量上已经看到了局部的价值。然而，由于这个团队跟周边正在开发同版本的其他团队存在大量的依赖，而这些团队仍在使用老的方式，整个版本的开发流程并没有发生改变。当开始版本联调的时候，这个试点团队就被直接拖回了旧的方法，以确保跟其他团队节奏保持一致。前面提升努力的效果还没来得及完全显现，就功亏一篑。

当我们选择试点团队的时候，团队主管对这套度量理念的认同度是试点成败的关键。即使团队主管一开始对要引入的理念持中立态度，他至少需要有开放的心态，愿意去尝试。所谓强扭的瓜不甜，试点本身本来就是一个实验和学习的过程，会遇到困难，甚至是失败，一个被动的主管是不会积极思考和寻找目标、开发活动跟度量的契合点，发挥方法的价值，更糟的是遇到困难就有可能打退堂鼓。

第二步：识别参与试点的人员和组织，包括试点负责人和试点单位的接口人。由于度量毕竟不是核心业务，试点单位，不管是团队还是部门，在一开始的时候，缺乏动力和能力都是很一件自然的事情，这种情况下，这个试点负责人就显得相当重要。他需要调研试点部署团队的场景，制定计划，并去推动、协调各方资源，对内、对外提供充分的信息和透明度，提升各干系人对试点的信心和支持。这个人应该对于度量的理念、方法、指标体系、工具等有相当的知识，有实际操作的经验当然更好。如果在早期的试点中组织内部缺乏这样的能力，也可以借助外部有相关技能经验的咨询师。

另一个需要考虑的是试点负责人是应该全职还是兼职。这个问题没什么绝对的答案，对于成熟的度量体系运转，一个能力中心的度量负责人可能会支撑多个团队。但对于一开始的试点，由于指标体系的设计本身，还有数据的收集、分析和使用都有很多不确定的因素，需要不停地试验和调整，组织和流程没有平顺地运转起来，很多事情都需要这个人主动去推动才有可能发生。我个人的经验是这个人如果是全职的话，成功的概率将远大于兼职。这里不仅有对于投入时间的考虑，更重要的是，这个人是否把这件事的成败看成很严重的问题。我曾经在一个咨询项目上遇到过一位兼职这样角色的人，在试点开始的时候，这位老兄还是挺积极的，当遇到一些障碍，项目前景不太确定的时候，我发现他其他责任占用的时间反而越来越多，甚至不愿到试点团队多呆上几分钟，直到障碍消除，他的投入才恢复到正常水平。

试点单位应该有接口人负责配合试点的进行。试点负责人毕竟不是长期在试点团队工作，对团队的目标、成熟度、产品形态、技术条件等都可能缺乏足够的了解，这可能会导致试点目标和方式在可行性上出现问题。另外，团队内部也需要有一个有足够影响力的人帮助推动事情的前进。这个接口人的选择就很关键了。这个人应该对试点有兴趣和热情，至少要有足够的好奇心，对新鲜的事物持有开放的态度，并愿意尝试。

这两个角色的一个重要责任是提出一个试点计划。根据组织和试点团队的目标分析试点需求，然后根据需求确定这次试点的工作范围，并提出试点的里程碑时间点。

> Z咨询师跟X女士讨论，考虑到本次试点的一个重要目标是验证敏捷开发的全局优化的效果，而该公司的产品规模都比较大，一个产品版本的几个子团队之间存在复杂的依赖，一个子团队的成功试点并不能给端到端的交付带来直接的影响，于是决定把试点的范围定在项目版本层面，同时定出了下一步的行动计划：
>
> （1）Y女士负责找到符合上述要求的试点负责人L；
>
> （2）Y女士跟这个负责人L选择几个可能的候选产品和版本团队；
>
> （3）Z咨询师将和这个负责人L一起找这几个候选团队的关键成员聊一聊，看看这些团队，特别是团队主管是否适合这次的试点；
>
> （4）Y女士、Z咨询师和试点负责人L一起选择一个合适的产品团队，并在团队中找到一个接口人；
>
> 最后，试点对象被确定了，这个产品的当前版本包含了5个开发团队。

13.3 评估

度量数据是来自一线，第一决策点是在一线，第一目标是帮助一线团队和个人的改进和提升。如果度量体系对团队和个人没有价值，即使强行部署，也很难保障体系的可持续运转。评估是对现状的分析，目的是确保形成的行动计划对相关各个角色都有意义。开发组织中的各个角色要解决的问题都跟他们在产品生命周期中要做的决策有关（详见第3，4章），因此我们需要切实地了解相关人员在工作中面临的问题和诉求，分析度量体系对其日常工作可能产生的价值。此外，评估也是一个宣传理念和传播知识的过程，让一些关键的人员了解建立度量体系动机、目标，以及体系相关的知识。评估过程示意如图13-3所示。

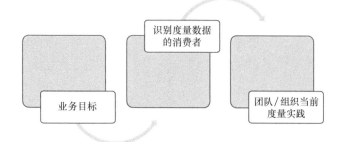

图 13-3   评估过程

评估 Z 咨询师和试点负责人 L 组织了一个评估 Workshop。

参与人

- Z 咨询师。

- 试点负责人 L。

- 流程改进负责人 X 女士。

- 试点团队成员——团队主管、测试负责人、系统分析员。

考察方向

● 什么是我们想要的？ 我们在试点中总是希望看到实施的方法到底能否对关键的业务目标有所帮助。

  ◆ 当前的组织面临的长期挑战是什么？

  ◆ 为了树立团队和管理人员的信心，证明新方法的价值，有什么是可以近期取得进展的业务目标？

  ◆ 要度量目标的达成情况，需要什么样的数据和信息？

● 谁会使用到这些数据？ 有数据没有行动，数据只是浪费。

  ◆ 谁会根据度量数据调整决策和行为？

  ◆ 他们的使用场景是怎样的？ 是为了支持什么决策或是行动？

● 当前的做法是怎样的？ 我们需要了解现有方式跟我们期望的方式之间存在的差异，作为实施计划的基础。

> ◆ 当前正在采集的数据有哪些？
>
> ◆ 是通过什么样的方式采集、分析和汇报的？现场观察还是定期汇报？ Excel, Power Point 报告？还是从项目管理、质量监测工具产生、汇聚的实时信息？
>
> ◆ 他们对数据的信心如何？需要做什么额外的分析和加工才能作为决策的依据？

13.3.1 业务目标及度量

业务目标就是指标的牵引方向。在开发组织里，则要进一步细化业务目标的达成方法。对同样的目标，可能会有不同的方法，这些方法引入的变革和产生的效果常常会有差异，对应的度量信息自然也有不同。

以降低进度和质量风险为例，解决这个问题的途径是提升开发人员对缺陷的反馈速度，尽早发现开发中的低级问题。见效较快的一个手段是部署持续集成这样的基础设施，通过自动构建中的验证手段达到快速反馈的效果。对于这样的手段，构建相关的统计数据，比如构建频率、静态检查的结果、测试覆盖、构建成功率、失败修复时间等，都可以用作牵引性的指标。

同样就这个目标而言，要想进一步提升对缺陷的反馈速度，根本的手段是测试提前介入，跟开发人员在一个团队内，在更小的工作粒度上形成紧密的协作关系。对于度量团队端到端交付的有效性，团队交付工作单元（端到端特性）的周期，还有团队内部角色之间的库存和瓶颈，这些指标有着相当明确的指示性作用。

上面这两种方法，前者在团队内部署工具就能初步实现，而后者不仅可能涉及不同团队、部门之间协作关系的改变，而且要配合这样的协作方式，团队需要在更小的粒度上端到端地划分工作单元，并确保其可测性，因而测试团队的用例设计、开发、执行和管理的方式也会受到很大的影响。后者这些组织和行为上的改变可能需要强力的推动，磨合和成熟也需要更长的时间，因此当选择改进方向后，改进方法和目标的权衡仍需要根据组织本身的条件有所取舍。

Z 咨询师的访谈记录摘要

产品经理

根据研发还有多少资源安排产品开发路线图，通过一个月有一次的路线图沟通会议，向产品的干系人知会相应的路线图规划。产品需求的粒度大多在 2～3 人年，大的也有 7～8 人年的。竞争对手 2～4 周就能交付的紧急特性，这边一般需要 1～2 个月。下面是几个类型项目交付周期的采样（交付周期是指从正式立项到对外发布的时间）：

定制版本 A - 交付周期 3 个月，其中测试周期 1 个月。

主版本 B - 交付周期 9 个月，其中测试周期 4 个月。

紧急生产问题解决 C - 从客户发出问题请求到部署 Hot fix 1 个月，其中回归测试 2 周。

维护版本 D - 交付周期 3 个月，包含近 1000 个修复。

项目经理

发布计划里的需求都是必须要做的，划分优先级的意义不大。曾经出现的一个情况是，R1.1 的交付目标是针对黑龙江客户的一个临时方案，不一定部署。事实上最后确实也是没有部署，实际上线的是 R1.1.1 版式。两个方案完全不同，R1.1 中有约 50% 的工作量被浪费掉了。

Scrum Master

当客户提出需求时，这个信息很快被传递到开发团队，被安排进开发计划。但当客户取消或暂时中止某特性的要求时，这样的信息却经常没有被传递到团队，这样无意义的任务还是可能被排在其他重要任务之前。Scrum Master 感受不到变更管理的效果。

团队主管

团队在迭代开发过程中找不到产品经理，或较少主动寻求产品经理的帮助。进入开发阶段后产品经理参与逐渐减少，迭代演示的时候也未必出场。

问题分析

产品开发的价值链过长，价值链中的各个部门目标不一致，协调机制不足以缓和各部门争取局部优化的博弈局面。问题如下。

（1）交付周期过长

- 回归测试的周期极大地限制了对市场的响应速度。

（2）冗余功能造成的浪费。有时候，通过开发冗余功能获取订单，这本身可能是一种必要的浪费。但问题是

- 缺乏对这样冗余需求的精细化管理，没有在试图最小化这种冗余需求方面下足工夫。

- 在系统层面缺乏动力减少这种浪费。业务部门的责任是把需求压进开发计划，而对浪费的结果不承担任何责任。开发部门的责任是完成计划，而对于计划执行后产生的结果和价值也没有责任。

- 在开发生命周期当中，工作环节之间、功能角色之间有明显的单向沟通的倾向，反馈机制薄弱，更糟的是各个环节都缺乏全局的图景和上下文，因此缺乏反馈的能力，局部目标优先全局目标，因此缺乏反馈的动力。

- 定义需求优先级的时候，明显粒度过大，基于市场传来的一句话需求来定义优先级，只会使所有的需求看上去都是必要的，而对从一句话需求分解出来的子需求，则缺少积极的优先级管理机制。

根据上述发现和分析，Z 咨询师和试点负责人 L、流程改进负责人 X 女士、试点团队一起商量得出了几个可能的提升方向：

（1）缩短对市场的反馈周期，提升竞争力；

（2）度量并降低冗余特性导致的浪费；

（3）对特性在更小的粒度上定义优先级，减少在不重要功能上的投入，提高单位产能的价值产出。

在跟领导商量之后，决定了以**缩短交付周期**作为关键业务目标的提升方向，而手段则是以**缩短测试周期为突破口**，从全局的视角来牵引整个开发周期各项活动的改进。

13.3.2 度量数据的消费者

前面的度量体系设计里只是简单地把度量数据的消费者分成了管理层、项目管理和工程师 3 个角色，在实际实施过程中，我们应该更加细分这些使用者（见图 13-4）。

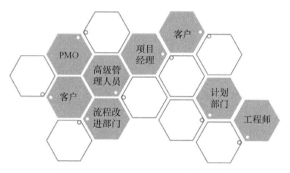

图 13-4　度量数据的消费者

Z 咨询师的访谈记录摘要

<u>计划部</u>

- 关注资源（主要是人力）投入形成的产能状况、未来产品路线所需的产能。这些数据用于衡量产品开发的投入产出，支撑开发中心未来的预算和各种计划活动，包括人员规模和固定资产投入。

<u>流程改进部门</u>

- 作为改进提升活动的责任者，流程改进部门需要所有效率、质量相关的历史数据。数据是支持改进活动的主要依据。

<u>产品管理</u>

- 需要市场和业务的预测，相应的开发预算和历史投入数据，还需要系统和研发提供的工作量相关信息。这些信息被用于版本目标的设定，以及产品路线图的规划。

团队主管

- 关心每个用户故事的实际工作量和计划时的估算工作量之间的差异；
- 因为对其他团队存在依赖，需要知道其他团队相关功能的开发进展，看是否需要调整本团队计划；
- 由于一些关键团队成员是跟其他项目共享，有些人员需要支持已经发布的生产系统，所以关注团队成员在项目上的投入情况。

除了内部的数据消费者，如果能够对业务部门，甚至客户及时、透明地展示度量数据，就能够逐步增加双方的信任感，减少在博弈上的浪费，而且能够向客户展示己方在改进上的努力和投入。这两者对形成长期信赖的合作伙伴关系都有重要的价值。

对这些消费者，我们需要寻求并验证度量信息对他们工作产生的切实的价值，而不是想当然。很多组织中经常会出现所谓的象牙塔效应，人们总觉得度量是一小撮人闭门造车的产物，对实际交付并没有什么价值。

13.3.3 团队 / 组织当前度量实践

一般来讲，成熟度不同的团队和组织可能已经或多或少地采用了一些度量手段。这些度量手段跟组织、流程、开发实践、基础设施都会有所相关。我们需要站在目标的各个维度，比如本书中使用的维度是价值、效率、质量和能力 4 个维度，分析现有度量手段是否真正产生价值，同时跟成本相比是否划算。如果现有手段不足或不合适，我们要知道跟期望的方式有哪些差异。

Z 咨询师的访谈记录摘要

计划部

- 本来在产品规划、财务预算计划和实际工作量之间应该有如下反馈机制，如图 13-5 所示。但由于研发对实际工作量的记录缺失或不具参考价值，工作量估算的准确度实质上是无法考证的，这个闭环基本上只是流程上的摆设。

图 13-5 产品规划、财务预算和实际工作量之间的关系

<u>流程改进部门</u>

- 依靠代码行和投入人力的统计来计算效率结果；

- 使用缺陷跟踪工具统计发布前和发布后的质量数据；

- 虽然有要求详细记录各种文档审查和代码走查所发现的问题，但这些数据很多是团队敷衍流程需要所产生的，在单个项目层面上意义有限，不过长期大量项目的历史统计数据在组织层面还是能够揭示很多有价值的线索。

<u>产品经理</u>

- 有一个 Matrics 系统，可以在产品路线图层面，自动呈现每个正在开发的特性相对于各个里程碑的进度情况。但这些特性的粒度相当大，相关人员都是按照规定隔几周批量更新一次信息。这信息似乎不太准确，帮助不太大，要知道准确数据就直接找项目经理问。

- 当产品经理在进行产品路线图设计时需要具体的人天数，用这个数据对应到成本和可获得的人力资源的计算，而开发中心希望使用点数来估算工作量，不过好像没有合适的方法把点数转化成计划相关的时间和预算。

<u>团队</u>

- 主要通过周报向团队外的干系人呈现项目的进度和风险，里面包含每个正在开发特性的进展情况。

- 没有什么需求管理工具，主要用 Excel，用户故事由团队直接管理，变更请求也是由团队直接处理，纳入到开发计划。

- 团队感受不到在版本层面特性优先级的作用。

- 团队觉得交付目标的达成主要是靠责任心（节奏不清楚）。

- 团队内部内在尝试用燃尽图跟踪和管理进度，不过在版本级别好像没有有效的可视化方案（进度，质量，风险）。

问题分析

- 不同层面的数据消费者对数据的统计口径有不同要求，比如计划部关注宏观层面，粒度较大。团队层面需要更精细的管理。然而，组织的度量和汇报机制只关注宏观层面数据，不能为一线团队所用，而且这些数据不是来自细粒度数据的汇聚，是靠一线团队人工汇总，定期汇报，时效性和准确度欠佳。

- 协作机制不鼓励关注端到端交付的优化，对跨部门、跨角色的浪费缺乏全局范围的度量，整个组织对此不敏感。

- 缺乏有效手段来度量像返工这样的无价值活动和等待这样的浪费。

- 缺乏对交付节奏的度量和管理，整个交付周期前松后紧，从集成测试开始，大量加班现象就出现了。

- 过长的测试周期暗示问题被推到工作的后面环节，前期对代码质量和构建质量缺乏有效的管控。

第 14 章
Chapter 14

验证导入（执行篇）

"知之不若行之"。

——荀子

度量的作用是引导开发组织根据自身的目标，做到"大处着眼，小处入手，失败趁早，学习赶快"（"Think big, act small, fail fast; learn rapidly"[1]）。对于确定的改进方向，我们需要识别合适的细分目标、并通过数据的反馈，尽快验证。

14.1 基准制定

推进一个新的方法，首先需要就涉及的基础概念在定义上达成一致，否则一旦出现误解，在执行时就差之毫厘谬以千里了。在这个试点中首先要做的是定义度量的对象，DoD 完成标准（详见第 5 章），以及工作量的估算方式、单位（详见第 8 章）。

> 咨询师先解释了几个基准的意义和作用，介绍了业界的各种做法，并和团队一起就各种做法的优势和局限性做了充分的讨论。团队根据产品的特点和自身的成熟度，一起对这些基准做了如下设定：
>
> - 使用特性和用户故事两级度量对象，特性在产品和版本层面管理，而团队则关注用户故事，两者是包含关系；
>
> - 开发 DoD 被定义为用户故事的功能性测试；

---

[1]　Poppendieck & Poppendieck, Lean Software Development: An Agile Toolkit, 2003。

- 迭代 DoD 的定义是完成本迭代计划中用户故事相关的自动化测试脚本；
- 工作量的估算单位是基于故事点的相对值，使用 Wideband Delphi 估算方法。

14.2 目标细分

选择一个关键目标可以使成功的验收条件更加明确，但是头痛医头脚痛医脚的方式却违背了系统思考的原则。就好像如果我们的目标是缩短测试周期，仅仅靠提高测试本身的效率或是增加测试阶段的投入，其实并不一定能够产生全局的优化，能够得到提升也必然有限。我们应该站在全局的角度，从整个生态系统的方方面面来分析关键目标的达成手段，再分析投入产出，做出取舍。

试点团队在一次头脑风暴中获得了图 14-1 所示的目标细分。

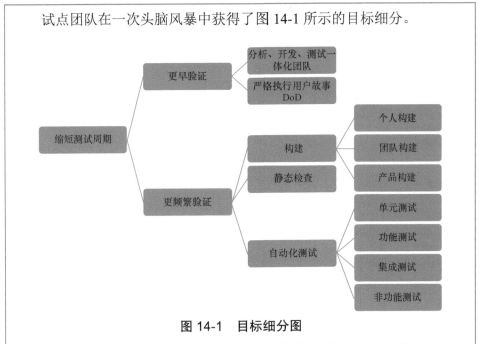

图 14-1 目标细分图

要缩短测试周期，与其在测试阶段内部挖掘潜力，不如将问题消灭在更早的阶段。要达到这个目的，就好像前面的章节里讨论的，关键是要缩短从问题注入到问题解决的周期。

反馈周期的缩短受限于两个因素：

- 组织 / 流程 – 当分析、开发、测试都在同一个团队里时，才有可能最大幅度地缩短从分析到验证之间在各个工作环节之间的等待时间，缩短每个用户故事的反馈周期。

- 成本 – 缩短反馈的一个严重副作用是回归测试和其他相应活动的频率也会大幅增加，如果没有足够的自动化来支撑，缩短交付周期的努力可能会带来不可承受的额外成本。

上面的分析图则是通过细分目标引导团队在各个相关维度的提升，达到缩短测试周期的效果。

14.3　指标选择

当有了细分的目标，就要根据这些目标权衡有效性、可靠性和成本，选择适用的指标集合。这个集合不应求大求全，不妨先选择比较容易部署、效果比较明显的少量指标。

根据对于细分目标的分析，团队在第一步打算尝试的指标最小集上达成了一致：

周期指标

- 测试周期：相对过去类似的版本，测试周期缩短 30% 以上。考虑到现有流程的测试周期还可能受到其他因素的约束，备选的替代目标是进入集成测试的缺陷率降低 60% 以上。

- 版本周期：由于是第一次试点，大量的基础设施和自动化测试工作需要补齐，学习成本也不容忽略，此外周边依赖团队的版本周期不应受到影响，因此从计划的角度不对版本周期的提升设置硬性目标。

- 用户故事交付周期：跟踪从队列中领取一个用户故事到故事 DoD 和迭代 DoD 的周期，并统计数据的趋势。团队设定的目标是将故事周期控制在一个迭代之内。

产能指标

- 迭代产能：团队每个迭代交付的故事点数和趋势，而这里的完成指的是迭代 DoD。试点项目里，迭代的产能估计是从原有的发布计划倒推而来，只是在头几个迭代设定了较低的目标，是为学习成本和基础环境的搭建预留了缓冲。

- 人均提交频率：提交代码的频率代表代码经过各级构建体系的验证频率。通过验证的代码首先证明没有破坏已有特性，其次代码质量达成了团队的要求，没有违背团队的约定。团队初步的目标是每人每日至少合入代码一次，希望在版本结束之前达到 3 次左右。

效率指标

- 用户故事库存周期：库存周期跟踪用户故事在各个环节的等待时间。团队期望在不考虑外部依赖的情况下，每个用户故事在待开发、待测试的平均等待时间不超过 2 天。

- 半成品（WIP）故事卡数量：控制库存周期的另一个手段是减少在团队开发价值链当中的半成品数量，尽可能地接近单件流的生产方式。在保障正确优先级的基础上，尽可能做一个验一个。在一个分析、开发加上测试共有 9 人的团队里，团队期望的 WIP（正在被处理的故事卡 + 在中间环节等待的卡片）不超过 10 个。

内部质量

- 圈复杂度：团队设定了圈复杂度为 10 的上限，约定如果代码圈复杂度超过 10，代码合入时，构建就将失败。

- 代码潜在缺陷数（Findbug）：由于产品是一个已经拥有数年历史的遗留系统，代码潜在缺陷数已经数以千计，所以团队的约定是每次合入代码，按照预定规则发现的潜在缺陷数只能小于等于现有数量。如果认为自己合入代码中的问题不太重要，就必须在过去的代码中找到一些问题解决，否则构建就会失败。

> 外部质量
>
> - 遗留缺陷趋势：按照致命、严重、一般、轻微 4 个级别的缺陷分类，团队设定的目标：
>
> - 用户故事的验收标准是当前用户故事的致命和严重缺陷数为零；
>
> - 迭代结束前，由于当前版本的开发引入的致命和严重级别的缺陷数为零；
>
> - 迭代开发过程中，当前版本引入的一般缺陷数上限为 30。

前面提到，指标的选取需要在有效性、可靠性和成本之间权衡。如果度量体系的设计、实施和运营是由一个独立的团队完成的话（比如在很多实施 CMMi 的组织里，都有这样一个 QA 部门），操作中总是不由自主地出现对指标可靠性的倾向。由于这个团队不属于具体开发团队，他们更倾向于使用最客观的度量单位和手段，尽量避免人员主观判断带来的争议，尽量减少对团队和产品上下文的依赖，比如，代码行、覆盖率、圈复杂度等，自动统计得出的数据相对更容易受到青睐。然而，准确的数字和度量的有效性之间经常不是那么密切相关，缺乏上下文的度量数据很难直接作为真实目标的决策依据。我们当然会尝试在投入产出合适的情况下提高数据的精确性，不过我们认为，有意义的数据胜过精确的数据。

14.4 数据的收集

根据裁剪后的指标体系，试点负责人就要评估试点单位的软件开发流程、方法、实践和其他影响因素，收集当前的团队效率、质量、交付周期数据。数据来自开发现场，开发人员的目标是交付可用的软件，而不是为官僚准备什么数据和报告，因此成功的数据收集有以下几个关键。

- 尽可能使用非侵入的方式——将数据的收集融入日常开发活动。物理和电子的看板对团队平时的开发活动，包括团队的计划，任务的分配都有很好的支持作用。在一定程度上规范看板的使用，可以使其产生的时间、状态、周期类数据具有一定的一致性。这些流程数据已经能支撑起大多数响应速度、效率类的决策活动，此外还一些工具可以从对代码和测试用例的分析中获取一些质量类数据（见第 10 章内部质量）。

- 帮助现场人员了解度量背后的原因和原理，更重要的是对他们自己的价值——大多数度量数据的收集都是为了支持在某个方面的持续改进活动，因此实施改进活动的人员，也就是真正做事的人，必须了解度量如何帮助他们发现瓶颈，提升质量。这可能需要合适的培训，甚至一段时间的贴身辅导。

- 因地制宜——以开发组织的地理分布为例，对于全部在一间办公室里，喊一嗓子大家就能听见的团队，跟分布在几个不同国家和时区的团队，其指标的部署也应该有所差异。集中的团队或许只用一个物理墙展示一个团队的看板就可以了，而分布式团队恐怕一般都需要依赖电子手段，通过工具来采集和展示数据。

试点团队和咨询师一起，根据项目特点就各种指标的数据收集方法做出了规划：

周期指标

一个版本只有一个测试周期和版本周期，因此倒不用特意收集。团队关注的是用户故事的交付周期，团队定义了图 14-2 所示的用户故事生命周期。

待分析 → 分析 → 待开发 → 开发 → 待测试 → 测试 → 完成

图 14-2　用户故事生命周期

用户故事的管理通常有两种方式，一种是在物理墙上管理故事卡，另一种是软件工具里管理电子版的用户故事。团队决定，既然是试点，那两种方式都要尝试。

在物理墙上，为了有效地帮助团队成员关注故事的交付周期，当一张卡片第一天被人领取，就在上面标个 1，以后每天在站会时，卡片的拥有者就在未完成的卡片数字上加 1。这样团队的每个人都可以清楚地看到每个正在被处理的用户故事已经在开发流程中停留了多久，如果觉得有异常，就能及时采取行动。

对于电子版的用户故事，团队决定暂时先用 Excel 记录每个故事在其生命周期中各个状态之间转换的时间，最后用累积流图（Cumulative Flow Diagram）统计出周期的历史和趋势数据。这种方式对于负责的人来说相当麻烦，未来肯定是要用一种更加自动化的方式，所以，团队同时也打算试点过程中评估几个开源的和商用的软件开发生命周期管理工具。

产能指标

迭代产能的收集是根据前面所说的用 Excel 记录的 story 状态变化数据统计而出。从累积流图（Cumulative Flow Diagram）其实就可以清楚地看出迭代产能的趋势。

代码提交频率的历史数据通常没有什么保留的意义，只要从版本控制工具根据需要取个时间段的样本观察就可以。经过一段时间，团队的代码提交频率就应该达到一个相对稳定的水平。这个团队经过讨论，得出一个大致的结论：一般每个开发人员一天提交 1 ~ 3 次是一个比较正常的水平。

效率指标

团队可以在累积流图（Cumulative Flow Diagram）中比较清晰地观察到用户故事库存周期和半成品（WIP）故事卡数量的历史数据（见图 14-3）：

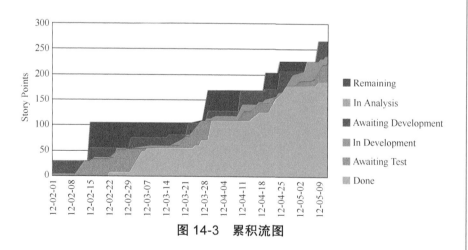

图 14-3　累积流图

上图显示，在项目开始阶段出现了较多等待测试的用户故事（黄色区域），这是因为测试依赖的设备没有到位，资源出现瓶颈所致。

内部质量

团队评估后，决定在持续集成服务里集成 CheckStyle 来检测圈复杂度，用 FindBugs 来检测代码潜在缺陷数。

外部质量

团队对遗留缺陷的管理主要使用 Jira。在迭代开发过程中，如果是验收过程中发现了问题，一般不会录入到系统里，用户故事要被放回待开发状态，必须马上修复，否则故事就不算完成。被记录下来的缺陷通常有几类：

- 用户故事验收通过之后发现的问题；

- 来不及修复的级别为一般和轻微的问题。

14.5　数据的使用

　　度量体系推广的过程就是一个建立可信度的过程。度量体系的可信度一方面是来自试点和早期实施所证明的价值，即对业务目标、团队改进起到引导性的作用，另一方面来自数据可靠性和一致性。软件度量体系本身肯定会有不少局限性，再加上执行上的问题，我们经常会在这两个方面顾此失彼。

　　我们在前面曾经讨论过，指标是从"更好的软件开发"这个谜题分解简化，提取重点而来。在这样的一个过程中损失了大量跟原始问题相关的上下文，大多数的指标都是衍生数据或是间接数据，与目标的关系经常看上去不是那么直接。因此在上下文缺失的情况下，有时候并不能让数据的使用者准确判断度量结果跟预期产生差异的原因。以两个关键指标–效率和质量的度量为例进行讲解。

- 当我们用累积流图观察一个团队的进展时，产能数值本身的变化并不能说明什么问题。只有我们观察了度量对象——用户故事在不同工作环节（分析、开发、测试）上的通过和积累的情况，才能告诉我们出现的瓶颈或其他可能的异常情况是发生在什么地方。发现了异常情况，使用者仍需要到团队现场去了解数据产生的上下文，才能做出准确的判断。

- 对于软件质量来说，一个非常重要的指标是缺陷密度。缺陷密度经常是用千行代码缺陷数（defects per KLOC）来度量的。这个指标经常没有把需求、设计、文档中存在的问题计算在内，另外千行代码这个数据中在不同产品，甚至同一个产品的不同模块中，由于代码和问题的复杂度不同，比如同样是几百行代码，如果一个是做个简单的增删改，另一个是处理不太稳定的第三方接口，其代表的意义可能截然不同，因此直接用千行代码缺陷数比较质量常会产生有争议的结果。

综上所述，在使用指标数据的时候，我们需要回到最初要解决的问题域，了解问题存在的上下文，综合印证多个目标，多个指标的相关数据，才能对数据中出现的趋势或是模式，做出较为准确的判断。

这里不得不再次强调，数据的使用应该针对前面识别出的不同消费者，根据消费者工作的场景，汇聚和呈现相关的指标数据，为他们的工作提供价值，此外：

- 指标体系的运用应该关注趋势，不是绝对数字；

- 揭示数据的上下文，能为有意义的沟通和调整提供线索；

- 能及时、频繁地提供反馈。

图 14-4 是试点团队的构建度量记录，横轴是时间，纵轴是每次构建所需时间。

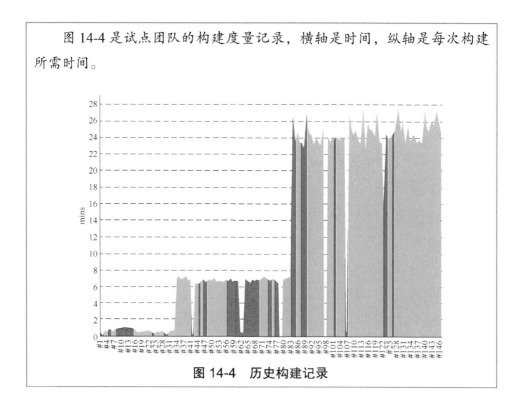

图 14-4　历史构建记录

从上图中可以看到，项目一开始的时候，构建里包含的验证手段很少，构建所需时间很短，而构建是失败比例仍然很高。随着静态检查、自动化测试用例逐渐加入测试，构建成功率在过程中仍有反复，比如中间有一段时间一直红着，是在修复用 Findbugs 发现的一些严重问题。在试点进行到一多半的时候，红色失败的频率就大幅减少了。从这个数据的趋势里观察到两个现象：

- 项目后半段，构建成功率就逐渐稳定下来了，团队开发的节奏和质量也开始稳定下来。

- 构建时间已经持续维持在 20 分钟以上，需要考虑：

（1）通过优化手段，比如重构和精简用例，缩短构建时间；

（2）通过分级构建，把耗时的验证活动或用例放到晚上，精简实时构建，只包含重要和快速的保障活动；

（3）增加硬件资源，使用用分布式构建。

识别异常数据

有的时候，我们会发现有的数据跟以往趋势和模式差异很大。这样的数据有可能是一次性的偶然事件，也可能有其深层次的原因，意味着一种未来可能还会出现的模式（好的或是不好的）。

在试点团队的一次迭代 Showcase（展示）中，产品经理发现，跟前几个迭代相比，这个团队当前迭代的产能发生了较大幅度的下降。当问到原因的时候，团队主管回答："这个迭代交付的特性涉及跟另一个团队开发的组件进行集成，由于这个依赖组件的接口不太友好，文档也不全面准确，这个集成的调试周期比预期要长。"那个组件的开发团队是属于另外一家公司，团队觉得这这种情况超出了他们控制范围，所以一筹莫展，没有采取什么行动。

产品经理听后却认为，两家公司都是为了成功交付产品，有共同的利益，有什么不可以商量的。于是跟开发人员一起找组件的提供者协商，最后达成的共识是，在双方要集成的接口上，被依赖方必须要有自动化测试。在集成前，双方要先共享自动化测试代码，确保接口的行为是用代码验证过的。在这之后，集成的不确定性的大大降低，团队的产能恢复了稳定。

14.5.1　横向比较

在团队和团队之间、公司和公司之间进行开发活动的横向比较是相当困难的。以中国和美国的经济增长数据为例，4% 对当前的中国来讲可能已经是经济恶化到了不足以提供必要的就业，而同样 4% 对美国就代表着高度繁荣，把两国的绝对数值直接进行比较其实没有什么意义，而相对自身历史数据的比较，对了解两国经济状况才更具有指示性意义。不同开发团队使用编程语言的不同，产品、特性的复杂度，甚至估算工作量的单位的不一致，使得在团队和团队、产品和产品之间进行生产力和质量的对比也面临类似的问题。

业界的做法是用数据标准化（Data Normalization）手段，把不同团队、产品的度量数据调整到具有可比性。基本的方式就是使用权重因子来调节不具备可比性的因素，COCOMO 模型中考虑的权重因素（COCOMO 的术语叫"成本驱动因子"）就包含了产品、硬件、人员和团队几个方面。不过虽然我们可以使用各种各样的权重系数来把这些可能想到的因素计算在内，较为精确地横向比较仍然非常困难，其测算的结果经常是难以自圆其说。而且与其产生的效果相比而言，这些过程使得度量变得相当复杂，难以掌握。

另一种简单一些的方法是校准，几个团队的代表通过讨论的方式来统一不同团队间使用的标准。还是以工作量的估算为例，有的公司会选择一个大家都清楚实现原理的小功能模块作为跨团队的估算基准。我还遇到过一个更有创意的场景。曾经有个产品公司的几个开发团队要开始协同开发一个大型产品。为了统一工作量估算的基准，他们一开始试图寻找一个大家都熟悉的功能或者模块，结果发现产品里没有哪个功能是大家都熟悉的。

经过一次激烈的头脑风暴，大家偶然发现，绝大多数开发人员都经历过一个软件考试，软件考试的一个编程实践题目的大小刚好比较适中，刚好可以作为估算基准。期望通过讨论得出一个大家都大致清楚的基准，意味着共享基准的团队之间一定要有一些类似的经验，因此在适用范围上可能不如使用纯粹的数学模型那么广，不过在大多数情况下也还够用。

14.5.2　数据的呈现

虽然数据可视化的方法超出了本书的范围，数据可视化手段对于度量的价值是如何强调也不过分的。合适的图表配上简单的文字就跟优秀的广告一样，能形成强有力的视觉冲击，凸显数据的意义，增强人们改进的动力。前面各章有针对各种类型的数据呈现的例子可供参考。

14.6　反馈

在试点结束之前，相关人员应该对照目标和计划，评估改进后的状态，由此提出下一步的计划。回顾（Restrospective）[1]是一个不错的方式，帮助参与人员反思试点过程中取得的成绩和不足之处，发掘问题的根本原因（Root Cause）。

> 经过 3 个月，第一阶段试点告一段落的时候，试点团队做出了如下总结：
>
> **版本开发和验证策略**
>
> - 产品经理和团队在协作模式上形成共识，能持续关注和参加团队 / 项目的需求分析、计划、回顾等活动，并提供有价值的反馈，初步显示出成效。
>
> - 版本协同：通过版本层面的 Scrum over Scrum 站会和回顾会议，形成跨各个开发子团队，跨分析、开发、测试各个角色的协调机制，在团队和版本层面形成了一致的开发节奏。

---

[1]　Derby & Larsen, 2006

- 测试策略: 以单元、功能和系统三层体系为目标, 建立了统一的功能测试、系统测试和开发人员测试的策略, 确保尽量低的重叠, 重要模块的测试覆盖率在 60% 以上。

    ◆ 开发人员完成单元测试。

    ◆ 功能测试人员进入开发团队, 负责用户故事的验收测试。

    ◆ 系统测试人员相对独立, 负责迭代结束前的跨团队集成测试、回归测试, 以及最后的验收测试。

    ◆ 功能测试与系统测试人员已经初步确定了各自目标和协作模式, 开始尝试运作。

更早的验证

进展

- 集成测试人员参与迭代过程中的需求梳理和澄清的工作, 功能测试用例评审。

- 团队内部的测试人员 (主要负责功能测试) 通过和开发人员一起编写用户故事的验收条件 (AC – Acceptance Criteria), 形成在需求细化上达成共识的机制, 并且实现了需求到测试用例直接跟踪。团队发现, 这种机制对于需求的细化和查漏起到一定改善作用, 且由于开发人员随时可以看到验收条件和测试用例, 在开发和测试之间的争议和返工次数也大大降低。

- 团队主管对迭代中的测试已经初步形成了自己的认识, 从不知道测试人员如何在团队内部工作, 到开发和测试之间在用户故事层面的协作逐渐顺畅, 并根据当前的瓶颈协作分担自动化测试的工作量。

存在的问题

- 团队当前的测试能力跟团队对测试的期望仍有较大的距离, 表现在 3 个方面:

◆ 单元测试的编写和维护能力仍然不足，导致单元测试的成本仍然居高不下；

◆ 功能测试人员对于在较小粒度（用户故事）上的黑盒测试仍有一些抵触，虽然觉得能够更早发现问题，不过仍觉得效率上比在后端做全流程测试低；

◆ 团队在自动化测试用例的开发能力上有较为严重的瓶颈。

更频繁验证

进展

● 建立了基于"统一测试用例列表"的测试用例演进策略。系统测试和开发团队共享一套测试用例列表。功能测试用例的设计、开发完毕（包括手工和自动）后，系统测试人员会立刻把用例整合进"统一测试用例列表"，并在迭代结束时的回归测试中执行。

● 开发和测试对自动化测试的目标（自动化率）初步达成了一致的目标。

● 团队已经初步能在迭代开发中同步进行用户故事的验证和相应自动化测试用例的开发。

● 开始试用团队自己开发的一个新的轻量级自动化测试框架，希望能解决自动化测试运行速度和问题定位难的障碍。

存在的问题

● 自动化测试环境使用复杂，不稳定，问题定位困难。

● 自动化测试反馈周期长。

构建（见图 14-5）

进展

● 建立了代码提交标准（单元测试，冒烟成功），就提交频率达成了共识。

- 包括实时、每日、每周的三级 CI 体系搭建完毕，团队能做到随时集成，能接近实时地完成关键的验证活动。

- 团队已经可以比较熟练地使用 CI，并且逐渐丰富测试内容，增强对关键、易出错代码的覆盖。

图 14-5　构建过程

存在的问题

- Clear Case 的原子提交问题导致 CI 发挥的效用受到限制。

- 自动化测试的运行成本较高（耗时很长），有些依赖问题，导致其不能在本地构建环境执行。

- 总体上，自动化覆盖率仍然较低，质量保障作用有限仍然是严重的问题。

度量可视化

进展

- 通过每周一、三、五的 Scrum Over Scrum 站会，更新版本看板，跟踪跨团队的进度和依赖，更新集成测试团队的用例开发、整合，以及迭代回归测试的状态。

- 通过实时呈现各级构建中静态检查和自动化测试的结果，初步实现了质量监测的可视化。

- 每周更新累积流图，跟踪团队的开发进展，暴露各个环节可能存在的瓶颈。

存在的问题

- 除了持续集成自动采集的结果，在版本层面上暂时没有其他关于质量可视化呈现，比如遗留缺陷相关的信息。

- 缺乏在版本层面上统一的资源调度可视化方案。

下一步

经过分析，团队发现在新模式下，缺少有效的能力建设手段和组织级知识共享机制，导致

- 团队内部，还是会经常感觉到特定领域知识不足的问题，比如说，某模块依赖关键资源（只有 1 ~ 2 个人熟悉该模块），而多个团队对该模块都存在依赖，因而很有可能会出现瓶颈，导致延误。

- 各级自动化测试的开发、维护、演进成本很高。

最后，Z 咨询师、X 女士和团队达成一致：将以基础能力提升作为下一步试点的关键目标。

第 15 章
Chapter 15

实施推广

"如果我们总是在等待别人或别的时机，变革将永远不会到来。我们就是自己一直在等待的人。我们所追求的改变就是我们自己。"

——巴拉克·奥巴马

《战国策·秦策三》中把"平权衡，正度量，调轻重"当成是秦国富强的重要原因之一，现在也有句管理名言，"没有度量，就没有管理！"可见确立度量是大家都认可的重要管理手段。对于各种不同的组织来说，度量不是个做不做的问题；是个怎么做，做到什么程度的问题。

度量体系不仅仅是个流程，也不仅仅是一个个独立的实践，如果认为能够丢出一沓看上去完美的方案，照葫芦画瓢就能在组织范围内完整地部署一套度量体系，那基本上就是一个痛苦失败的开始。首先我们要认定，引入这样一个或大或小的组织变革，既没有捷径，也没有银弹，只有在明确方向下的一系列尝试和验证的过程。

15.1 建立愿景

本书前面花了很多的文字强调度量体系实施的灵活性，强调需要根据团队的具体场景和需要来裁剪和实施。但过多的选择很容易让参与者因无所适从而退却，因此我们仍然需要一个锚，作为整个组织对度量的一个共识，为之后的改进活动建立可追踪的目标。更重要的是，当需要做出取舍的时候，这个锚作为权衡的重要依据，帮助各方在同一个基准上快速得出结论，避免各说各话。这个锚就是愿景。

这个愿景可能是优化软件开发组织的效率，提升执行企业的战略的能力；可能是改变人员的行为意识和模式，建立新的交付和质量文化；也可能就只是要更快地推出新产品、新特性；又或是实现质量优先的品牌策略。

除了业务相关的愿景，我们还需要设立行为转变的目标。研究表明，大多数希望产生变革和改进的组织都会设立业务上的目标，然而，当观察和对比那些成功和不那么成功的变革案例时，统计表明，不成功的变革组织里，只有较小部分（33%）设定了行为改变的目标，而那些相对成功的变革组织则大多数（89%）都设定了行为改变的目标[1]。行为改变的目标可以很简单，每个团队成员每天至少合入一次代码，并成功通过构建过程的检验；也可以是团队一旦发现"库存"工作量达到一个限定阀值，不管是在待测试还是待集成环节，就会立刻采取行动，降低"库存"。

愿景是在问题域的一个命题，度量则是方案域里的手段。当我们把注意力放在问题上的时候，就不会拘泥于手段，产生创新性的度量方案就成为可能。基于一个两到三年的愿景，我们就可以建立切实可行的一系列里程碑目标，在实施和运营指标体系过程中可以有针对性地回顾。

15.2 触发目标

John P. Kotter 在他的《Leading Change》一文中，把建立紧迫感作为组织变革（见图 15-1）的第一步。

紧迫感通常来自外部——市场和竞争的现实状况。当前软件开发组织面临着市场竞争带来的各种新的挑战，市场对交付响应速度的要求正在发生着显著的变化。

---

[1] Heath & Heath, 2010, 页 62

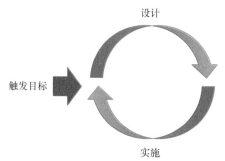

图 15-1　变革实施环

- 为了强占市场先机，或是应对竞争对手的行动，很多互联网公司和 SAAS 厂商已经能够做到每天多次部署到生产环境。

- 软件密集的硬件产品，如电信设备、电子消费品，其主要版本的开发周期已经由过去一年或更长，缩短到 6 个月，甚至更短。

- 客户要求商用软件供应商和大型电信系统供应商在 24 小时或是一周内提供针对 hotfix 或是紧急变更的安全升级部署。

- 企业要求 IT 部门或是定制软件开发商做到每 1 到 2 周把新的特性部署到生产系统。

风险和机会是触发变化的动因如下。

- 在上面提到的市场竞争条件下，本组织所面临的风险是什么？是客户满意度下降？失去市场份额？利润率下降？还是为了速度丧失质量？

- 我们可以有什么样的突破性目标？我们将在哪个方面击败哪个竞争对手？

通过各方一起对上述问题的分析、讨论，以及上下文的共享，尝试达成共识，或者可以在一定范围内建立起一定程度的紧迫感。

15.3　度量组织

根据所执行的功能，我们可以把度量的组织分成 3 个部分，分别主要负责决策（治理委员会）、能力（能力中心）、落地（团队接口人）。这样的组织一般不会一步到位，可以在试点取得一定成果后，逐步完善，如图 15-2 所示。

图 15-2　度量组织

15.3.1　执行组织

度量体系的实施，或大或小，都是引入某种形式的变革。执行过程中的偏差可能会造成各种各样的副作用，如下所述。

- 片面追求部分目标－忽略了度量体系之外的其他组织目标。比如团队的能力提升，有不少组织虽然能认识到，人员的能力其实是效率和质量的最大影响因素，但是由于很难在指标体系当中体现这个因素，或是由于这个因素不是短期内能够提升的，因而它就经常被有意无意地忽略了。

- 局部优化－企业已有的流程和组织结构定义了人与人之间的沟通渠道和方式，从而在某种程度上也就影响了个人和团队的局部目标。而度量是引导我们达成目标的手段，因此如果度量体系引导的方向跟现有流程形成的局部目标冲突，自然会在执行层面产生困扰，造成混乱。在不少公司里，开发跟测试是在流程当中相对独立的两个阶段，分别由两个不同的团队负责，其各自有自己的局部目标。对于测试团队而言，所有特性都已功能完备了再做测试是效率最高的，因为那样就可以直接做端到端的系统级测试，用例只要针对完成的产品准备一遍。理想情况下，很少的几轮回归就应该把缺陷密度降低到可发布水平。

不过实际上，这种理想情况很少出现，开发团队局部目标使他们倾向把质量保障的责任都推到测试团队的头上，进度优先的思维使得大量问题遗留到项目后期，反而增加了进度的风险，同时大幅提高了解决问题的成本。当测试团队以追求发现缺陷数量作为绩效牵引指标的时候，测试人员就没有动力跟开发人员紧密协作，将缺陷阻止和排除在早期阶段。开发想方设法让测试少报缺陷，或是降低问题的严重程度；而测试则只是根据文档判断需求符合度，把问题抛向开发。对局部目标的追求导致全局的负面效应，这种局部优化未必是个人或是团队自私的表现，更可能是在指标的引导下，丧失了系统思维的能力和全局观，偏离了对最终产品价值的关注。

既然我们知道了这样的风险，就需要有一个组织通过制定规避策略来管理，定期评估，并在问题出现的时候，采取干预措施。

就像所有的变革管理活动一样，高层管理人员的支持和投入是改变组织行为的必要条件。有着关键决策人员参与的执行组织承担着公司高层的意志和执行力，对度量体系的落实和运营负责。这个组织在部署和实施过程中的参与程度通常是成败的关键。治理和执行组织的形式可能是一个虚拟团队，工作内容有以下几项：

- 把握试点的方向，确保度量体系的部署不至于脱离业务目标；
- 对投入和目标做出权衡；
- 批准计划；
- 审查阶段成果；
- 管理实施当中的风险；
- 对实施当中遇到的问题、冲突，做出决策；
- 协调跟组织中其他可能的相关活动，比如开发相关的创新、组织调整、能力提升。

这个团队应该做到以下几点。

- 可能要做出重要的取舍决定，并排除实施过程中的障碍，因此，组成这个组织的人员应该能够有足够的级别来做出决策，更重要的是应该由一个组织中具备权威的人领导。

- 应该有开放的心态，对运用度量更好地达成业务目标抱有兴趣，能够给实施带来组织内外的上下文信息，提出建设性反馈。

- 需要能够代表组织不同部分的观点。同样，也可能把实施中的讨论、活动带回到组织其他部分。理想情况下，他们能够成为度量体系的代言人。

15.3.2 能力中心

如果度量体系的部署涉及多个团队、多个部门、多个地点，一个拥有足够授权的能力中心可能是必要的。这个能力中心的责任会包括以下各项。

1. 建立和提升组织层面的度量能力

- 体系的定义和演进；

- 最佳实践的总结；

- 组织范围内的知识传播和能力提升；

- 跨团队工具和其他基础设施的搭建；

- 基线数据和历史数据的建立和维护。

2. 教练

能力中心更重要的是承担起教练的责任，对每个实施度量体系的团队和部门提供贴身的支持。软件组织的每一个团队都应该在能力中心有对应的负责人，这个负责人需要确保团队有能力、有条件落实度量体系。在很多较为成熟的软件开发组织里都有流程改进或是质量保障团队，这个团队所处的位置似乎是承担起能力中心责任的自然选择。

15.3.3 团队接口人

除了能力中心外，各个产品、地点、团队也应该有相关的接口人。这个接口人的责任是保障团队和能力中心对改进目标和手段的理解一致，确保数据收集和分析这样的活动发生，并以正确的方式发生。理想情况下，这个接口人也应该是在团队内部播下的种子，是后续持续改进的推动和主导力量。

15.4   度量推广面对的人群

度量体系的成功推广肯定需要来自各方各面的协作，因此，在试点取得进展后，我们需要让尽可能多的人知道这项体系的存在，让新方法对组织、对团队的价值，获取广泛的认知和支持。根据 Everett Rogers 在他的《Diffusion of Innovations》一书中对技术采用生命周期模型的描述，我们也可以推测，在组织中推广新的方式、方法跟消费者采用新技术的过程类似，我们会遇到 5 类人：

- 创新者（innovators）——冒险家；
- 早期采用者（early adopters）——意见领袖；
- 早期大众（early majority）——深思熟虑者；
- 晚期大众（late majority）——传统百姓；
- 落后者（laggards）——落伍者。

在推广过程中，识别创新者、早期采用者和早期大众，并取得他们的支持，是负责传播新方法的团队，也就是执行组织和能力中心的核心工作。

15.5   知识和能力的传播

对于上面描述的组织框架，很大的一部分责任就是把度量相关的知识和能力传播到组织各处。这个传播的过程，不仅仅是知识和能力的传播，更重要的可能是理念的传播和影响。只有首先让这个组织中的人们在理念上形成共识，对其价值形成认同感，才能产生推动其发生的动力。

如在启动阶段，要获取创新者和早期采纳者的注意和支持，"路演"可能是个有效的手段。路演的一个重要形式是由管理人员和一线团队参与的系列演示和 workshop；此外，公司内部的 BBS 或杂志也可以引起不同类型人群的注意和兴趣，触发讨论和知识的传播。如果沟通的方式无法提供充分的面对面讨论的机会，比如偏向单向沟通的演讲环节，在这样的场合就具体的实施问题进行细节上的争论通常没有什么太大意义，还容易造成不了解具体情况就乱发指令的不良印象，而且面对自己并不熟悉，怀有不同诉求的管理人员，一不小心就可能踩上公司政治的地雷。这时我们应该强调的是，这套体系是可裁剪的，而且是必须要裁剪的，要跟团队和相关管理人员一起调研开发场景的需要，并就方案达成共识之后，才会部署。

这里所说的知识和能力有两部分，显性的和隐性的。显性的知识包括本书中描述的，或是从其他来源得到的有形知识，可以通过案例的积累总结，通过培训和辅导来传播。这样的知识包括不同度量维度相关的理论知识，各种指标的数据收集、分析和呈现，以及相关工具的知识；对于能力中心的成员和团队接口人，可能还包含在实施当中所需的软技能，比如培训、演讲相关的技能。

隐性的知识对于把度量体系融入组织的核心实践可能更加重要。这些隐形知识更多的是跟某个人、某个团队在实际操作中经过了多少摸索，趟过了多少坑儿，密切相关，通常都存在于在现场人员的头脑之中。这样的隐性知识和工作现场的微创新是一个以知识为基础的组织的核心竞争力。组织有责任把这些经验和实践尽可能地传播到组织的其他部分，创造叠加的价值。这样知识的传播主要有两种方式，一种是通过研讨、文章的方式由实践团队输出经验；另一种更有效的是由实践团队输出教练去其他团队，不过这样会对实践团队的日常工作有影响，有可能会遭到抵触，因此需要团队外部提供足够的支持。

15.6　实施

15.6.1　系统化 vs. 灵活性

度量体系的实施是组织引入的一组新的行为，实施的过程是通过推动一系列的事件来完成的。一套系统化的方法能够帮助人们感觉有章可循，减少顾虑和不确定的风险，告诉人们什么时候，什么人，应该做什么事，以及为什么做？这听上去像是个流程，没错，如果说达成某个特定目标需要一组特定的行为，流程就是一个组织对于这一组行为发生的时间、地点、以及涉及人物所达成的共识。系统化的方法应该可以提供一系列的检查点和反馈机制，帮助人们解决问题，调整方向和方式，及时看到并规避风险，及时看到收益，从而增强信心。

不过当系统化方法走到了极端，可能会出现的一个严重副作用是标准化的倾向。对于方案的设计者来说，大一统的条条框框看上去优美而高效，标准化有着难以抵挡的诱惑。标准化确实是为效率而生的，但系统化并不在等于标准化，标准化有利于推动重复或是相似活动的执行一致性，而系统化的目的则更多是形成一套解决问题的知识，帮助使用者在不同的场景下做出有意义的判断。

我们在设计推广方案的时候，经常面临在灵活性和执行一致性、有效性之间的权衡。很多公司在部署度量体系的时候，经常会受到方便执行的诱惑。建立一套事无巨细的手册，期望一旦有问题就总能在手册里找到答案，确保执行不会出现偏差。这种方式在某些情况下或许是合理的，比如在麦当劳，规定每个动作的执行标准似乎是效率和质量的最有效保障。而软件本身和其生产过程有太多的不确定性，即使是在同一个组织之内，不同产品和团队可能面临的环境和内部要素都会有差异，需要依靠人的判断才能得到有意义的答案。重量级、强干预型的手段，通常都适得其反。不但极大地约束了他们因地制宜做出调整、改进的机会，还限制了一线人员能力提升的空间和动力，更可能会严重打击团队的士气。一线人员对目标的认可，才是保障执行效率的最佳手段，人的主观能动性和思考力，才是持续改进的基础。即使是在麦当劳，最近也传出了负面的消息，强制和过度细节化的手册造成了店面人员的士气下降，人员流失率恶化，因此在保持目标和方向一致性的情况下，提供足够的灵活空间是必要的。

系统化的方法本身应该是开放的，可适应的，能有效地吸收环境的变化，根据获得的新的信息和知识，调整系统本身，以持续提升和演进。与时俱进说起来容易做起来难，当一套方法开始运作得比较顺畅的时候，相关的人们等于就进入了舒适区，停留或是略作局部优化常是一个安全的缺省选择。

15.6.2 迭代式的实施

实施过程应该是个逐步推进的过程，不仅在范围上应该从小范围开始，分阶段实施。对于度量目标的选择，比如周期、效率、质量、能力，也应该有优先级地有选择地逐步纳入到体系之中。试图一蹴而就的实施策略会带来各种巨大的挑战。

首先是风险。一下子把所有内容加入，不仅会大大增加体系实施的复杂度，增加失败的可能，也可能造成投资回报周期过长，导致相关干系人失去信心。

而且，这样的项目，一个常见的失败原始是缺乏管理层的支持。缺乏管理层支持通常为表现缺乏资源，而缺乏资源唯一原因是这件事的优先级不够高，至少是在决策者眼里优先级不够高，进一步推论，优先级不高的原因则通常是回报率不高或是回报率不确定。

其次是成本。一个具有自适应能力的度量体系的形成，需要在能力、工具上有先期的投入，可能还需要在组织上的调整，建立能力中心或是核心度量团队，以及在各个产品部门或团队识别相关的接口人，组成实体或是虚拟的跨组织团队。

度量体系的日常运营也涉及额外的成本。有的数据可能需要手工收集，就好像项目经理要在现场记录一些原始的项目数据，诸如员工在项目上工作的时间，被打断的频率；即使有自动化的工具，在工具里录入相关的数据，以及工具本身的部署和维护也会引入成本，比如在软件生命周期管理工具里录入和更新任务的各种状态属性，维护和优化持续集成设施里的静态检查和部署脚本。这对软件开发人员都是些繁琐的杂事，颇花力气。

综上所述，在最终价值难以评估的情况下，不是每个领导都有决心为其一下子分配大量资源。事实上，如果一下子分配大量资源，试图一步到位，很可能是个错误的决定，会增加失败的概率。

投资回报的顾虑可以通过缩短实施的反馈周期来缓解。这使得我们想到，度量体系的实施其实跟其他基于项目的活动一样，可以用一种生命周期管理模式来进行管理。这里我推荐的是用类似迭代的生命周期模型。不要追求大而全的实施和部署，选择价值最大的一部分先执行，用见效一部分，再推广一部分的方式。跟前面的试点项目的结构类似，评估、设计、部署和反馈 4 个步骤形成迭代式演进的运营模式。下一个迭代可能是实施范围的拓展，也可能是对已实施度量体系的优化。迭代实施的一个重要目的是通过反馈每个迭代的价值实现，提高投资回报的确定性。实施和运营周期示意如图 15-3 所示。

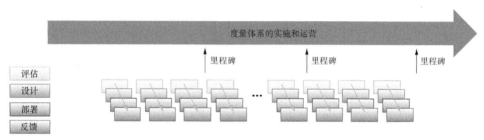

图 15-3　实施和运营周期图

15.6.3　目标团队

目标团队其实就像是目标客户，我们的目的是把这套度量体系卖给他们。有影响力的早期采用者，他们的言论和行动对于早期大众的投入至关重要。理想情况下，如果团队的领导本人就是早期采用者，这样的团队理所当然就很有可能是有效的目标客户。即使不是这种情况，有影响力的早期采用者仍能够帮助目标团队导入基础知识和实践经验，推动人们行动起来。

在目标团队内部人员中尽快争取到意见同盟军，这是度量体系由外部附加机制转变成团队自主运转机制的基础。这样的同盟军最好是团队的主管或骨干。在实施开始的时候，可能是团队外的度量负责人作为知识的散播者、实施的推动者、进展的汇报者。随着内部人员接受度和能力的提高，这些角色应尽快转移到团队内部人员的身上。如果一直由外部人员主导，团队一方面形成依赖性，不再会把度量的事情当成自己的事情，而是把度量跟自己的目标分离开来，而且可能会渐渐形成这样的心态，即"这事儿都是些不了解实际情况、不干实事的外人在折腾，根本不适合我们！"

兴趣和认知必须要能够转化为投入和行动。我们不能假设大家知道了原理就有动力移出舒适区，更何况很多团队都对度量体系这种可能干扰开发的活动有本能的抵触情绪。

首先，客户不会为企业部署了度量体系而买单。度量本身不会直接影响最终产品的功能和使用，也就是说，并不为可工作的软件直接创造价值，因而好像是个应该减少，甚至消除的活动。不错，如果度量不能为帮助我们更好地完成直接创造价值的活动，那么就是浪费。我们在引入任何新的度量之前，都应该认真评估其带来的价值。

度量引导的方向未必是团队认可的方向。有些目标，像是更高的单元测试覆盖率，或是把一个特性的端到端测试完成才算完成，这样的目标增加了开发人员设计和编码之外的责任，而很多开发人员并不认为这些工作是他们的责任。然而，Mary Poppendieck 认为责任（做什么）、知识（怎么做）、行动（完成工作）、反馈（从结果中学习），这些活动的割裂是造成移交（Handover）这种浪费产生的原因。如果一个一体化团队共同承担着端到端的交付责任以及相关工作，那么诸如所谓代码之外不是我的责任，这样的问题就不应该存在。

抵触的另一个原因是，对于有些度量，团队其实并不知道是干啥用的，是给谁用的，因此只看到了负担，而不清楚价值，度量被归类到某些无聊官僚的没事找事。这里关键是缺乏反馈。当有些数据是给管理层使用，或是给其他像计划部门、过程改进部门这样的功能部门使用，他们的使用结果并没有有效的路径反馈到数据的源头，团队不知道这些数据对什么决策产生了什么作用，引发了什么后续行动。

还有的情况是度量发现了问题，但或者由于进度的压力，又或者由于管理层的忽视，这些问题摆在那里，久而久之大家都习惯了。对于度量暴露的问题没有行动，或是行动没有结果，度量体系就成了摆设，大家也就没有兴趣关注了。

最后还有一种更糟糕的情况，度量成了奖惩的主要依据，利害相关，大家要么心怀顾忌，要么抱着你好、我好、大家好的"共赢"态度，跟度量体系捉迷藏。

15.6.4　数据

1. 建立基准数据

当团队改进工作流程或方法后，改变前后的度量对象和数据的采集点都有可能发生改变，度量结果就变得没有可比性。最典型的例子就是当一个团队从传统瀑布开发模式转向迭代开发模型后，在相应的阶段，度量对象经历过的质量保障活动是不一样的，因而前后的效率数据和过程中的缺陷数据就变得不可比了。那么我们根据什么来判断到底改变的效果是正面的还是负面的呢？最直接的答案就是"Go See"（现场管理）：我们不仅应该从工具上读取数据，还应该到工作现场，直接观察团队的开发活动和自动、手工的数据收集活动，从而根据更直观的信息做出判断。

如果组织已经有了相关的历史数据，不妨尝试使用这些数据，不过需要注意的是，组织对数据的使用目的和关注点会很大程度影响数据的收集、计算方式。假如原来的度量体系基于的理念跟你打算实施的体系不一致，那些看上去类似数据可能跟你想要的有很大出入。比如很多公司对于交付周期的计算，关注的是一个大版本的交付周期，而本书更关注的是高质量地交付 MVP（Minimum Viable Product，最小可行产品）的周期。在不一致的情况下，我们有的时候可以用某种方法把历史数据映射到新的度量方法，比如通过采样的方式把以代码行为单位的软件规模度量映射到功能点或用例点，这种映射肯定无法做到完美，但只要对后面的工作和度量目标有意义就行了。

对于不能量化度量指标，通常很难纳入到度量体系里，比如下面那些软性的，但是对业务目标又有非常显著影响的维度。

- 软件开发过程 - 需求分析的清晰度、准确度；

- 组织层面 - 质量文化、协作态度和方式；

- 人员方面 - 技能、经验水平。

对于这些难以度量的信息，业界一个流行的做法仿效于 SEI 的能力成熟度模型（CMMi）建立的各种成熟度模型。这种度量方式的目标是将各种需要主观判断的软性指标信息综合起来，形成一个简单直观的分级体系，以此支持改进基线和目标的设定。这样的模型用描述性的语言定义每个级别的目标，目标的达成是基于组织及其成员是否展现了某一类行为来判断的。以测试活动的完备性为例，评价结果的判断依据可能是基于单元测试、功能测试、系统集成测试三层保护网的完备性和自动化率，以及质量策略和手段是否能够以合理的成本支持快速的增量交付。

这类信息的收集通常是采用访谈和现场观察的方式。基于一套事先准备的问题列表，对开发组织不同的角色进行面对面的访谈，然后在其工作现场观察其工作的场景，浏览文档、代码、用例等工作产物。之所以不推荐使用问卷调查的方式，是因为软件开发当中有很多的上下文会对信息的解释产生很大的影响，而一个有开发经验的人员能够在面谈和现场观察过程中，用启发性和探索性的问题发现更多的事实。

2. 建立外部基准数据

改进和提升的动力来源于超越，就好像麦当劳和肯德基总是把店开在相邻的地方。获得行业最佳实践数据和竞争对手的相关数据，可以帮助我们建立合适的提升目标。

由于很多情况下这些开发指标数据都会被公司列为机密，不太容易直接获取，而且各个企业使用的流程模型（瀑布或是迭代），对度量对象、DoD、度量单位的定义，以及度量手段都可能有较大的差异，在微观层面比较开发指标数据经常不太现实。如图 15-4 所示，我们可以从一些相对宏观的业务数据情报，推导出运营数据，然后进一步细化到指标层面。当我们需要比较开发效率的时候，一般可以通过市场调研大致得到一家公司在特定产品上投入的人数、一段时间里的产能数据，并据此推导出，如果转换成本公司团队的开发模型所应该达到的产能。

图 15-4 指标传递路径

当我们在获取外部的基准数据时，应该从广泛的业务上下文出发，关注客户满意度、投入产出和端到端的市场响应速度等业务目标，避免陷入到对单个指标的追逐当中。

3. 历史数据库

很多谈度量的书里都谈到了建立历史数据库的重要性，不过在实际操作中，在组织范围内建立历史数据库的效果还是挺有争议的。

横向来说，不同团队的成熟度不同，改进目标不同，可能对指标体系的剪裁不同。为了建立统一的历史数据库，会要求团队使用一致的流程模型、指标定义和数据收集方法。这种做法可能会导致本末倒置，削减度量跟团队的相关性，减少在团队层面上改进的意义，还可能使团队觉得度量是外部引入官僚体系，无价值，是浪费。

纵向来说，度量目标和度量手段会随着外部环境和团队实践的演进而演进。如果是在一个相对静态的环境当中，历史数据库能提供较好的基准和趋势信息，对未来有一定的指示性作用；不过如果环境变化剧烈，建立历史数据库的目标对组织其实会产生束缚作用。要使历史数据有意义，就意味着要在多个项目之间采用相对一致的开发实践、度量实践。这样的诉求使得度量体系对开发组织这个生态系统的演进起到了一个负向反馈的效果，这也是为什么在很多实施了度量体系的组织里，"维稳"成了高优先级目标的原因之一。

本书所讨论的度量体系更多的是面向未来的，面向改进的，因此我们应该根据软件组织所处的环境来判断历史数据的有效范围（团队，部门，还是组织？），有效时间（2 个版本还是 3 个版本？）我们不反对建立组织层面的统一的历史数据库，但不妨从小处着眼，选择一致性比较明显的指标最小集开始。

15.6.5 IT 工具和设施

采纳工具的目的是尽可能自动化，无侵入地采集和呈现数据，降低人力手工工作量，降低度量体系的运营成本，并减少度量对开发团队的干扰。另外，海量的原始数据本身，并不一定能够直接指示出改进的机会，或是为干预决策提供支持。合适的 IT 设施是把度量数据以有意义的方式可视化出来的基础。度量数据的常见来源包括：项目管理工具、缺陷跟踪和客户支持系统、持续集成工具、静态检查工具、自动化测试和覆盖率工具。

稍微总结一下在本书中提到的几种工具。

- 物理看板：对于处于同一工作空间内的团队来说，物理看板可能是最直观、最容易维护的可视化工具。在第 5 章和第 9 章提到的用物理看板来支撑多团队协作，第 7 章则讨论了对于 WIP（半成品）和工作队列的监测。

- 软件生命周期管理：虽然本书并没有明确描述软件生命周期管理的使用，不过这样工具在度量里一个重要的用途是：

  - 辅助不在同一个工作空间的团队进行远程协作；

  - 保留看板状态信息和工作单元状态变化的历史记录；

  - 统计汇总，并以有效直观的方式呈现历史数据，从而辅助分析和决策，比如在第 7 章提到的累积流图。

- 代码和用例质量检查：第 10 章提到的多种代码静态检查都有相应的工具支撑，这些工具一般都提供强大的自定义功能，使特定组织能够根据自己的产品特征和团队成熟度设定检查的规则。

- 自动化测试：第 10，11 章提到的缺陷防范、更早发现缺陷、减少回归缺陷和回归成本，都需要自动化测试的保障，这必然涉及到相关工具的选择和使用。

- 持续集成：可重复的构建过程需要被不断验证，持续集成工具是实现构建策略的手段。

- 构建结果呈现：第 10 章举出的例子展示了构建结果和趋势应该实时地以直观的方式呈现给相关各方，支持及时分析和决策干预。

附录

指标和优先级评估示例

注：附录所列指标相关属性的评估，是作者基于特定组织、特定产品上下文判断的结果，因此仅供参考。读者应该根据自身组织、产品、项目的情况做出自己的评估。

交付周期

指标	有效性	可靠性	成本	自动采集（Y/N）	综合优先级（H/M/L）
版本发布周期	*****	*****	*****	Y	H
特性交付周期（需求－验收）	*****	*****	*****	Y	H
特性开发周期（设计－功能／集成测试）	*****	*****	*****	Y	H
特性库存周期	***	*****	*****	Y	M
用户故事平均周期	*****	*****	*****	Y	H
用户故事库存周期	****	****	*****	Y	M
缺陷交付周期（识别－交付）	*****	*****	*****	Y	H
缺陷修复周期（定位－修复）	*****	*****	*****	Y	H

价值和效率

指标	有效性	可靠性	成本	自动采集（Y/N）	综合优先级（H/M/L）
版本交付价值	*****	**	*****	Y	H
迭代交付价值	***	*	*****	Y	M

续表

指标	有效性	可靠性	成本	自动采集（Y/N）	综合优先级（H/M/L）
DoD（单元测试/功能测试/联调/集成测试）	*****	***	*****	N	H
迭代产能平均值	***	***	*****	Y	H
迭代产能趋势	****	***	*****	Y	H
团队日均代码合入量	**	*****	*****	Y	L
人均日合入次数	****	*****	*****	Y	H
团队日均合入次数	****	*****	*****	Y	H
待功能测试（特性数/估算工作量）	***	****	*****	Y	M
待联调（特性数/估算工作量）	***	****	*****	Y	M
待集成测试（特性数/估算工作量）	***	****	*****	Y	M
待分析（用户故事数/估算工作量）	***	****	*****	Y	M
待开发（用户故事数/估算工作量）	***	****	*****	Y	M
待测试（用户故事数/估算工作量）	***	****	*****	Y	M

浪费

指标	有效性	可靠性	成本	自动采集（Y/N）	综合优先级（H/M/L）
对发布无价值的产物或活动					
分析未开发的需求（条数/分析小时数）	*****	*****	*****	Y	H
开发未测试的代码（KLOC）	*****	*****	*****	Y	H
未更新的文档（字数）	***	***	***	N	L
设计未执行的测试用例数	****	*****	*****	Y	M
超过 n 次重复的手工测试用例数	*****	***	***	N	M

指标	有效性	可靠性	成本	自动采集（Y/N）	综合优先级（H/M/L）
等待					
特性平均待功能测试周期	***	***	****	Y	M
特性平均待联调周期	***	***	****	Y	M
特性平均待集成测试周期	***	***	****	Y	M
用户故事平均待分析周期	****	****	*****	Y	H
用户故事平均待开发周期	****	****	*****	Y	H
用户故事平均待测试周期	****	****	*****	Y	H
与迭代目标无关活动的时间					
支持活动（团队小时/迭代）	*****	**	*	N	M
任务切换	**	**	*	N	L
等待依赖（设备、环境、系统）	*****	**	*	N	M

参考文献

杰拉尔德·温伯格. (2004). 质量·软件·管理－系统思路. 北京：清华大学出版社.

Bánsághi Anna, Ézsiás Béla Gábor, Kovács Attila, & Tátrai Antal. (2012). SOURCE CODE SCANNERS IN SOFTWARE QUALITY MANAGEMENT AND CONNECTIONS TO INTERNATIONAL STANDARDS. Annales Univ. Sci. Budapest., 81.

BanerjeeGautam. (2001). Use Case Points – An Estimation Approach.

BoehmBarry, & TurnerRichard. (2004). Balancing Agility and Discipline: A Guide for the Perplexed. Addison Wesley.

BoehmW.Barry. (1984). Software Engineering Economics.

BrooksP.Frederick. (1975). The Mythical Man-Month. Reading, Mass.: Addison-Wesley.

CallahanJohn, & MorettonBrian. (1998). REDUCING SOFTWARE PRODUCT DEVELOPMENT TIME.

CockburnAlistair. (2000). Writing Effective Use Cases. Addison-Wesley Professional.

CohnMike. (2004). User Stories Applied: For Agile Software Development. Addison Wesley.

CollinsJim. (1997). Built to Last: Successful Habits of Visionary Companies. Harper Business Essentials.

ColvinGeoff. (2010). Talent Is Overrated: What Really Separates World-Class Performers from Everybody Else. Portfolio Trade.

Common Software Measurement International Consortium (COSMIC). (2009). COSMIC Method v3.0.1 Measurement Manual.

ConwayE.Melvin. (1968 年 April 月). How Do Committees Invent? Datamation.

DeMarcoTom, & ListerTimothy. (1999). Peopleware : productive projects and teams. New York: Dorset House Publishing Co., Inc.

DenneMark, & Cleland-HuangJane. The Incremental Funding Method- A Data Driven Approach to Software Development.

DerbyEsther, & LarsenDiana. (2006). Agile Retrospectives: Making Good Teams Great. The Pragmatic Bookshelf.

EbertChristof, DumkeReiner, BundschuhManfred, & SchmietendorfAndreas. (2005). Best Practices in Software Measurement. Springer.

FreseMichael, & FayDoris. (2001). PERSONAL INITIATIVE: AN ACTIVE PERFORMANCE CONCEPT FOR WORK IN THE 21ST CENTURY. Research in Organizational Behavior, 133-187.

GoodmanPaul. (2004). Software Metrics: Best Practices for Successful IT Management. Rothstein Associates Inc.

HeathChip, & HeathDan. (2010). Switch: how to change things when change is hard. Broadway Books.

HiltonRod. (2009). Quantitatively Evaluating Test-Driven Development by Applying Object-Oriented Quality Metrics to Open Source Projects.

ISO. (2010). ISO/IEC FDIS 25010:2010(E) .

JacobsonIvar. (1992). Object Oriented Software Engineering: A Use-Case-Driven Approach. Addison-Wesley Professional.

JONESCAPERS. (2008). Applied Software Measurement. McGraw-Hill.

KruchtenPhilippe. (2003). Rational Unified Process, The: An Introduction (3rd Edition 版本). Addison Wesley.

LeffingwellDean. (2011). Agile software requirements : lean requirements practices for teams, programs, and the enterprise. Pearson Education, Inc.

LikerJeffreyK, & MeierDavid . (2006). The Toyota Way Fieldbook. McGraw-Hill.

LikerJeffreyK. (2004). The Toyota Way: 14 Management Principles from the World's Greatest Manufacturer. McGraw-Hill.

Martin FowlerBeck, John Brant, William Opdyke, Don RobertsKent. (1999). Refactoring: Improving the Design of Existing Code. Addision Wesley Longman, Inc.

MartinRobertC. (2008). Clean Code: A Handbook of Agile Software Craftsmanship. Prentice Hall.

MartinRoger. (2009). The Design of Business: Why Design Thinking is the Next Competitive Advantage. Harvard Business School Press.

McCABEJ.THOMAS. (1976). A Complexity Measure. IEEE TRANSACTIONS ON SOFTWARE ENGINEERING, SE-2, NO. 4.

McConnellSteve. What Does 10x Mean? Measuring Variations in Programmer Productivity. 出处 OramAndy, & WilsonGreg (编辑), Making Software (页 567-573). O'Reilly Media, Inc.

PoppendieckMary, & PoppendieckTom. (2006). Implementing Lean Software Development: From Concept to Cash. Addison Wesley Professional.

PoppendieckMary, & PoppendieckTom. (2003). Lean Software Development: An Agile Toolkit. Addison Wesley.

RiesEric. (2011). The Lean Startup. New York: Crown Business.

SengePeterM. (1990). The Fifth Discipline. The art and practice of the learning organization. London: Random House.

SuriRajan. (1998). Quick response manufacturing: a companywide approach to reducing lead times. Portland: Productivity Press.

The Institute of Electrical and Electronics Ehgineers. (1990). IEEE Standard Glossary of Software Engineering Terminology. New York, USA.

TverskyAmos, & KahnemanDaniel. (1974). Judgment under Uncertainty: Heuristics and Biases. Science, 185, 1124-1131.

WangLCatherine, & AhmedKPervaiz. (2003). Organisational memory, knowledge sharing, learning and innovation: an integrated model.

WatsonArthur H., & McCabeThomas J. (1996). Structured Testing: A Testing Methodology Using the Cyclomatic Complexity Metric.

YangBaiyin, WatkinsE.Karen, & MarsickJ.Victoria. (2004). The Construct of the Learning Organization: Dimensions, Measurement, and Validation. HUMAN RESOURCE DEVELOPMENT QUARTERLY, 31.